提 供 科 学 知 识
照 亮 人 生 之 路

青少年科学启智系列

宇　宙

新　探　索

曾耀寰◎主编

长 春 出 版 社

全国百佳图书出版单位

图书在版编目（CIP）数据

宇宙新探索 / 曾耀寰主编. —长春：长春出版社，2013.1
（青少年科学启智系列）
ISBN 978 - 7 - 5445 - 2623 - 4

Ⅰ．①宇… Ⅱ．①曾… Ⅲ．①宇宙—青年读物
②宇宙—少年读物 Ⅳ．①P159 — 49

中国版本图书馆 CIP 数据核字（2012）第 274919 号

著作权合同登记号 图字：07 - 2012 - 3846
宇宙新探索
本书中文简体字版权由台湾商务印书馆授予长春出版社出版发行。

宇宙新探索

主　　编：曾耀寰
责任编辑：王生团
封面设计：王　宁

出版发行：**长春出版社**　　　　总编室电话：0431-88563443
　　　　发行部电话：0431-88561180　　邮购零售电话：0431-88561177
地　　址：吉林省长春市建设街 1377 号
邮　　编：130061
网　　址：www.cccbs.net
制　　版：长春市大航图文制作有限公司
印　　制：沈阳新华印刷厂
经　　销：新华书店

开　　本：700 毫米×980 毫米　1/16
字　　数：106 千字
印　　张：12.25
版　　次：2013 年 1 月第 1 版
印　　次：2013 年 1 月第 1 次印刷
定　　价：22.00 元

序

2009 年是全球天文年，纪念伽利略使用天文望远镜四百年，由于天文望远镜的使用，天文科学研究才算踏实。若单就天文的发展起源来推算，时间可以推前到公元前 4000 多年。在现今的英格兰出现环状的巨石阵，据说排列位置和夏至的太阳升起位置有关。另外埃及金字塔内的通道，也有指向天狼星的设计。其他如古代的圭表、十字仪、浑仪、简仪、赤道经纬仪、黄道经纬仪、地平经仪、地平经纬仪、象限仪、纪限仪、玑衡抚辰仪等，这些精巧的仪器主要用于观测天上星体的位置。虽然人类仰观天象的历史长达数千年，但唯有天文望远镜的使用，不仅更清楚地记录星体位置,还能进一步分析望远镜收到的星光。随着相关科学的进展,天文学作为一门严格的自然科学,并借由相关观测仪器的协助,开始加入实验科学的行列。

初期天文观测除了不断地改良可见光望远镜,增加影像的品质,并提高影像的空间解析度,天文学家不但可以将星体看得更清楚,并且可以获得星光亮度的空间分布。但只有位置和亮度的仔细记录是不够的,若要认识宇宙,还需要对星光做更仔细地分析。除了亮度外,对光的进一步研究始于牛顿,牛顿利用三棱镜将白光展开,形成彩虹般的光谱布局。19 世纪初,德国科学家约瑟夫·冯·夫琅和费(Joseph von Fraunhofer)发明了精密的分光仪,借此发现太阳光谱内有 574 条暗谱线,后续研究发现其他星体也有类似的谱线,光谱便成为天文学家认识星体的另一项有力工具。由于量子物理的发展,我们可以正确地了解原子的本质与运作,光谱是光在不同波长上的强度分布,根据物理学,任何物体只要有温度就会产生连续光谱,也就是说在各个波长上的强度连续分布,而光谱线是在特定波长上的线条,光谱线的产生和原子分子的能阶跃迁有关,光谱线成为原子分子的指纹,天文学家研究遥不可及的星体已不成难事。

到了 20 世纪中叶,天文学家将观测的目光延伸到电磁波的其他波段。人类肉眼看到的光线只是电磁波的一小部分，可见光的波长从 380 纳米到 740 纳米，而电磁波依照波长分布，可以从波长数千米的无线电波到 0.001 纳米的伽马射线。天文学家发现宇宙除了有可见光外，还充斥了各种不同波段的电磁波，于是针对各种不同波段的天文学应运而生，例如电波天文学、毫米波和亚毫米波天文学、红外线天文学、紫外线天文学、X 射线天文学以及伽马射线天文学等，而对应不同波段的天文观测工具也需要不同的技术，在《古今天文观测的飞跃 》和《电波天文观测仪器》两篇文章中，作者就分别针对电荷耦合元件（或称 CCD）以及电波天文观测做了深入的介绍。此外，电脑对现代天文研究是不可或缺的工具。不论是自动控制大型望远镜、远距遥控望远镜、分析天文观测资料，还是理论的数值计算以及数值模拟，都需要高速的电脑计算能力才能完成。

一般人提到天文，总是想到星座、流星、彗星和黑洞，还有人会联想到外星人。并不是说这些不属于天文研究范围，只是天文学的研究范围非常广，在空间上，从太阳系到一百多亿光年外的宇宙，在时间上，从一百多亿年前的宇宙大爆炸到现在，在这样的宇宙范围内，天文学家研究的题材不仅仅限于星座。现今天文学家研究的范围还跨足到其他科学领域，例如研究太阳系内的太空科学，研究极限物理条件的高能天体和黑洞，研究星际尘埃的化学特性,从其他星球寻找类似地球暖化的现象以及找寻系外生命的可能性,这些议题可以在本书各篇文章中得到详细的解答。此外,本书还选了一篇与天文教育推广相关的文章《探索宇宙的电眼》,介绍对可见光望远镜和电波望远镜的教育推广活动。

随着各类科学的快速发展,天文学和其他科学的关联也越发密切,天文学的研究范围博大无穷,除了传统的天文观测,应用其他领域的专业技术是不可避免的。本书便是以天文学与其他领域的关联与应用为主轴,介绍天文知识,希望让读者能有更宽阔的眼光,欣赏我们的宇宙。

编　者

目 录

宇宙新探索

古今天文观测的飞跃

□ 王祥宇

影像技术的发展大幅提升了天文研究的极限。时至今日，越来越多的天文需求驱动着光电研究的进步，为新一代望远镜提供更灵敏与更锐利的影像。

4300米的夏威夷毛纳基峰山顶，是北半球最佳的天文观测站，这里聚集了四座8米以上及三座4米级别的可见光望远镜。每天晚上，望远镜操作员使用自动控制系统，把握每一秒的晴朗夜空，收集从宇宙传来的讯息。在这其中，历史悠久的加法夏望远镜（Canada-France-Hawaii Telescope，CFHT 图1），搭配着世界上最大的可见光相机（MegaCam），

图1　美国夏威夷毛纳基峰山顶,上方的天文台就是可见光望远镜,可进行大规模的巡天观测。

正进行大规模的巡天观测。

　　这些观测依照事先排定的顺序进行,观测资料由自动影像处理程式初步校正,再由天文学家进行分析。这让世界各地的天文学家不需到夏威夷,就可以得到需要的观测影像来进行研究。相较于三十年前当加法夏望远镜刚落成时,天文学家得待在离地面 10 米高的望远镜主焦点上,在零度以下漫长黑夜里,用肉眼协助望远镜追踪星体,以感光片进行天文观测。如此巨大的改变,归功于光电科技的导入,尤其是侦测器技术。短短三十年间,光电技术的进步改变了天文观测的模式,大幅提升天文观测的极限。

早期的天文观测

　　如何记录天文观测影像,是早期天文学发展的一大课题。天文学家往往需要仔细地以文字叙述,或是有良好的素描能力，才能记录及表达观测结果（图2）。这使得不同观测者间的比较或整合需要相当的工夫。当19世纪照相技术成熟后，就立刻被应用在天文观测上，以解决此问题。

图2　美国夏威夷毛纳基峰山顶，上方的天文台就是可见光望远镜，可进行大规模的巡天观测。

使用感光片的另一重要优点是可长时间曝光，借由讯号的累积，微弱讯号可被记录下来，大幅提升到肉眼无法达到的极限。且大面积底片的制作也很容易，使广角观测能在短时间内完成，包括完整的全天星图。然而底片的解析度有限，而且为取得良好影像，长时间曝光时，天文学家须以肉眼协助望远镜追踪。底片本身也受限于较低的感光效率，以及较差的线性度，这使得准确的光度测量困难重重。如要定量比较不同观测结果，往往需要很多额外的工夫。这个问题直到爱因斯坦发现光电效应后才得以解决。

光电倍增管（photomultipler tube）是第一个可以定量测量光度的元件。以能将可见光转换成光电子（即光电效应）的材料当作阴极，加上高电压的多重阳极，可将微弱光线放大，产生稳定讯号。使用不同阴极材料，光电倍增管就可侦测不同波长的电磁波。只要提供稳定的高压，光电倍增管就可以稳定测量光度。但这种方式一次只能产生一个讯号，无法产生二维影像，而且提供的光度范围有限，观测效率不佳。虽然二维影像可利用相似的原理，搭配如电视阴极射线管的扫描系统产生，但这种光导摄像管（vidicon）装置体积庞大，稳定度差，在天文上应用有限，因此尽管有新技术出现，感光片仍被广泛使用。

电荷耦合元件的发展

真正能提供准确测光与二维影像的方法，在固态电子发明后才获得解决。半导体的应用，从 1947 年第一个电晶体发明之后迅速发展。1959 年金属氧化物半导体（metal-oxide-semiconductor, MOS，图 3）结构的发明，完全改变了传统的电路系统，奠定积体电路的基础。利用这个结构，贝尔实验室在 1970 年首次发表电荷耦合元件（charge coupled device,

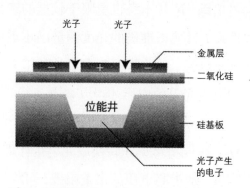

图 3　在金属层上加入正电压，可以在硅基板中形成位能井，以收集光子产生的电子。

CCD）的概念，并于同一年成功制作出第一个 CCD 晶片。

虽然第一个晶片只有 8 个像素，但 CCD 晶片已带来革命性影响。MOS 结构中氧化物层有绝缘效果，在金属层上施加电压，就可在硅晶片中产生电场。这个电场如同一个无形的袋子，吸引并收集光子所产生的自由电子。晶片上布满互相分隔的金属，只要同时赋予不同的电压，就可以在不同的位置收集到对应的光电子而产生影像。这些分隔金属构成的 MOS 结构就是我们所熟知的像素，每个像素至少包含两个 MOS 结构。若输入特定变化的电压，就可以用来移动每个像素收集的电荷，读取影像。

CCD 晶片具有定量测光能力，可涵盖特定面积影像，加上硅晶片对不同波长电磁波侦测的涵盖范围相当大，并有体积小、低操作电压与稳定的特性。对讯号侦测及影像记录而言，是跨时代的发明。1974 年用 CCD 取得第一幅天文影像之前，天文学家已使用照相底片超过一百多年。CCD 问世后，天文学家了解到 CCD 对天文观测的重要性，不再是被动接收新技术，转而主动参与或支持专为天文设计的 CCD 晶片。在美国国家航空航天局及其他天文台的支持下，短短五年内，512×512 格式的晶片就成功地被发展出来，CCD 技术也在英、法蓬勃发展。因此当 CCD 尚未普及于一般应用时，已在天文界广泛使用。而天文界对 CCD 发展的贡献，也促进了现码数码相机的发展。

量子效率是关键

　　天文观测时，最重要的就是量子效率，也就是将光子转换成电子的效率。在CCD发展过程中，天文界也在量子效率改进上扮演了重要推手。硅半导体可吸收波长小于1100nm的光线而产生电子。虽然在这里只讨论可见光附近的电磁波范围，但其实CCD也广泛使用于高能量的紫外光及X光侦测。硅吸收效率随波长增加而减少。例如绿色光（波长约500nm）需大约1微米厚度的硅晶片才能完全吸收，但是波长800nm的红外线，就需要50微米的厚度。因此对于不同波长的光线，在硅晶片中转换成电子的位置不同，要同时收集这些电子相当困难。早期CCD晶片采取正面入射型结构，部分光线会被晶片上的配线阻挡，其量子效率最高40%左右，对波长较低的蓝光或紫外光，受到氧化层吸收的影响，量子效率很低。而较不易被吸收的红光或红外光，其量子效率也较差（图4）。

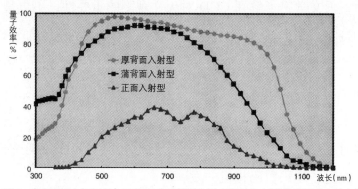

图4　在金属层上加入正电压，可以在硅基板中形成位能井，以收集光子产生的电子。

为解决这问题，早期就提出背面入射型 CCD 晶片。然而波长较短的光线在晶片的穿透度很浅，在表面几个微米内就被吸收，需要较大电场才能将电子收集至 MOS 结构。但一般硅基板杂质多、电阻小，无法在基板背面形成有效电场收集电子。背面入射型 CCD 晶片须搭配薄的基板，才能有效收集大部分电子。此结构对于红色以及红外线的量子效率较差，未被吸收的光线会在晶片中多重反射，在长波长观测中产生干涉图案，增加影像处理的困难，降低了在长波长区域观测的效率。2000 年后，随着材料纯化技术的提升，高阻值硅晶片技术发展成熟。在日本国立天文台支持下，滨松电子成功发展出厚背面入射型 CCD 晶片（或称完全空乏型 CCD 晶片）。高阻值硅晶片可使外加电压有效地分布在整个晶片，使得即便是在距离收集 MOS 结构数百微米内产生的电子，仍可从晶片背面移动至正面，形成有效讯号。加上特定的表面处理与镀膜，高阻值背面入射型的 CCD 晶片，可在整个可见光区域提供高达 80% 以上的高量子效率。

　　除改善量子效率外，CCD 晶片的有效像素数也在制作技术的进步下大幅增加。像素增加代表必须在更大的晶片面积上完成高效率的产品，价格会较高。目前标准大小约 2048 × 4096，也就是 3 × 6 厘米。要突破此限制，须采取可搭接式封装，也就是将晶片接线移至封装底部，晶片暴露的区域完全用于感光。利用这种封装，大型天文相机可以搭接数十片 CCD 晶片以提供广角影像。之前提到的可见光相机就具有四十片 CCD 晶片，是目前最大的天文相机。中国台湾与日本正合作开发的速霸陆广角相机，将搭接一百二十片 CCD 晶片，是下一代天文仪器中，最大的可见光相机。

时至今日，CCD 晶片已经广泛用在天文台上，甚至业余的天文学家也可以轻易地买到专业 CCD 相机，像素大于 2048×2048，量子效率最高达 85%，读出的杂讯少于五个电子，且几乎没有暗电流，已近乎完美。但 CCD 晶片仍有其结构上的问题，CCD 晶片的影像须利用规则的电压变化依序读出，因此，当晶片中有少数像素在制作的过程中出现瑕疵，或是特定像素有很亮的讯号时，就会影响其他像素资料的判读，出现一条黑线或是白线的状况，这限制了快速读取特定区域的能力。此外由于其制造与一般的积体电路不同，因此需要特定的工厂制造，要求效率高。

电波天文观测仪器

☐ 黄裕津

　　电波天文学的诞生，促使天文观测研究一跃千里。如今，接收机设备的发展，成为不可忽视的关键。

　　1873年，英国数学家詹姆斯·麦克斯韦（James · C. Maxwell）发表了《电学与磁学》一书，为电磁学研究拉开序幕。电波天文学是电磁学研究应用的重要分支，在20世纪后半叶至今，许多天文与物理学的重要发现，都是来自电波天文观测，许多尚待研究的天文学重要课题，预期发明下一代更具威力的电波天文观测仪器。

电波天文学之始

　　1930 年代初，任职于美国贝尔实验室的工程师卡尔·C·央斯基（Karl G. Jansky），利用一具 14.6 米波长的高指向性天线，研究频率为 20.5MHz 的大气电波杂讯，发现杂讯最大值出现周期为 23 小时 56 分钟，也就是较前一日提早 4 分钟，恰巧为恒星日与太阳日的时间差。他进一步检查最大值出现时的天线指向，均为射手座中心方向，也就是已知的本银河系中心。央斯基将此观测结果于 1933 年发表，开启了电波天文学。

　　不久之后，业余天文学家格罗特·雷伯（Grote Reber），以金属抛物反射面建造自己的无线电望远镜，以 1.9 米波长对整个天空进行勘察，并于 1944 年完成第一个无线电全天星图。不论是央斯基或是格罗特·雷伯，这些早期的无线电天文观测，看到的都是星际空间中的电子，经由银河系磁场加速到相对论性高速度，所产生的同步加速辐射连续波谱（synchrotron radiation continuum spectrum）。同一年，荷兰物理学硕士贺斯特（Hank van der Hulst），预测并计算出中性氢原子的电子，在上下两自旋态间振荡会产生 21 厘米的波长发射谱线，并在 1951 年经由观测证实。

早期的天文科技

　　第二次世界大战在欧洲战场开辟前，英国科学家发现，以微波接收机和发射机配合高指向性天线，可用于侦测远方飞行的航空器和航行的船舰，此为雷达的前身。战争对武器性能的需求，带动了相关科技发展，雷达也是如此。1945 年夏，雷达已普遍装备在各国海军的大中型军舰上。日本投降后，这些雷达零件及备用模组，随着大批武器装备与人员退出战斗行列，而灵感无穷的科学家找到了其他和平研究用途，并找到专业人才组成研究团队，雷达天文学和电波天文学正是其中最重要的研究。

　　1945 年 10 月，澳大利亚联邦理工研究院开始用雷达观测太阳表面。1946 年 1 月，美国陆军首先使用雷达测量地球与月球的距离。英国剑桥大学、曼彻斯特大学也分别以军方退役的雷达展开天文研究。1947~1948 年，澳大利亚联邦理工研究院波顿（John Bolton）、史坦利（Gordon Stanley）及施里（Bruce Slee）观测到几个神秘的电波源：天鹅座 A、金牛座 A、巨蟹座 A、及处女座 A，并透过方位发现这些电波源与星云及银河外星系的关联。1950 年，剑桥大学赖尔（Martin Ryle）已完成五十个天文电波源的目录。之后一次针对仙女座星系（M31）的观测证实，即使是远在 220 万光年外的星系，也有与本银河系相同等级的电波辐射，许多天文电波源，被证实是来自本银河系外的遥远天体。

　　赖尔也提出以相位切换方式的干涉仪，降低接收机背景杂讯。1962 年，借由五次月掩星系事件，并以电波望远镜配合光学天文观测，针对类星体（quasars）与对应的遥远星系仔细研究，透过红位移计算，发现其远在数亿光年之外。

1960 年韦瑞伯（Sandy Weinreb）进行数码相关器实验，并用于电波天文频谱观测，里德（R. B. Read）则进一步应用相同原理，处理两座电波望远镜的信号，形成相关器式干涉仪。1963 年韦瑞伯观测到星际空间的 OH 谱线。1965 年彭齐亚斯（Arno A. Penzias）与威尔逊（Robert W. Wilson）观测到宇宙背景辐射（cosmic microwave background radiation, CMBR），并于 1978 年获得诺贝尔物理奖。1967 年加拿大完成首次超长基线干涉仪实验，也在同一年，观测到中子星电波的脉冲（pulsar）。

1970 年，彭济亚斯与威尔逊率领的团队，首次观测到超过 100 GHz 的天文分子谱线。1976 年，美国设于新墨西哥州的特大天线阵（Very Large Array, VLA）正式启用，是人类第一个微波频段干涉仪式望远镜阵列。1980 年代，北美洲的特长基线干涉仪（Very Long Baseline Interferometer, VLBI）率先启用，随后日本、欧洲、澳大利亚也纷纷跟进。日本野边山毫米波阵（Nobeyama Millimeter Array, NMA）、英国主导的詹姆士·克拉克·麦克斯韦望远镜（James-Clerk-Maxwell Telescope），及美国加州理工学院亚毫米波天文台（Caltech Submillimeter Observatory），也在 1980 年代末启用。

电磁频谱

整个电磁频谱除了中红外光以上之外，多为使用光学方式观测，在近红外线的低频边缘即落入次毫米波，随着波长的增长依序可大致分类为毫米波、微波、超高频与特高频等波段（图5）。在最低频的电波如千赫（KHz）等级，因为电离层的全反射特性，基本上是无法用于观测的。目前由于人为的广播、电视、行动通讯、卫星通讯、电脑无线网络、雷达、飞行器导航等应用，已占用不少频段，台址选择以远离人口稠密区域而特别划定的电波静默区或沙漠为主。毫米波频率则以中海拔、气候稳定的高原山区为主；亚毫米波部分，仅有极少数气候干燥、稳定、高海拔的高原山区可适用；至于地表大气的水汽与氧气吸收谱带，则只能以人造卫星、飞行于同温层的飞机，或气球搭载亚毫米波望远镜进行观测。

接收机元件与技术

电波天文望远镜的接收机，依功能可分为差频式（het-

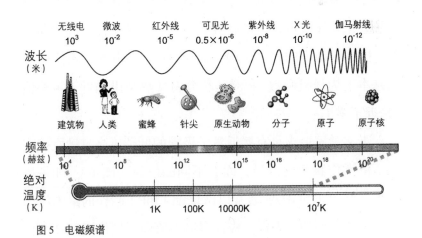

图5　电磁频谱

erodyne）与辐射热定式（bolometric）。差频式是将接收到的电波天文讯号，与系统内建的本地振荡器（local oscillator）的信号进行混频运作，混频后频率值相减得到差频信号，又称为中频信号。在本地振荡器的相位与振幅极稳定的情形下，电波天文讯号的相位与振幅资讯，基本上可以完美地保存并转移至中频信号。较低频率的中频可以进行信号放大、数码化、"傅立叶转换"[①]与各种信号处理。

辐射热定式接收机则将讯号视为热量，量测其功率。因此同是侦测极微弱的电波天文讯号，差频式接收机追求量测频率的灵敏度，辐射热定式接收机则致力于追求功率的灵敏度。差频式接收机的优势在测量星体的发射谱线，而辐射热定式接收机的优势在量测极微弱的连续频谱。

差频式接收机的关键元件为混频器、放大器与本地振荡器，辐射热定式接收机的关键元件则为热量计。其中，微波与毫米波频率的差频式接收机系统杂讯，主要来自关键元件的热杂讯。降低热杂讯最有效的方式，即降低元件的操作温度。提高灵敏度的另一手段，则为对信号作积分，由于热杂讯基本上为随机乱数，长时间积分将使热杂讯趋近于极小值（趋近于零）。

天文学家追求具有接近量子极限的低杂讯高灵敏度接收机，依操作频率的差异，而有不同的设计（图6）。如果操作频率低于115GHz，通常以磷化铟（InP）制作的毫米波微波放大器为前级，佐以二极体混频器降频，操作温度在绝对

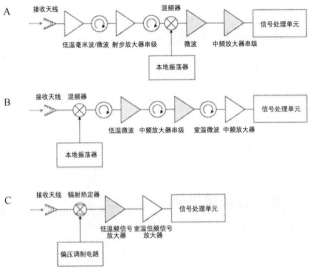

图6 (A)差频式接收机,频率低于116GHz,配备射频前级放大器;(B)差频式接收机, 频率高于116GHz,以高灵敏度混频器为前级;(C)辐射热定式接收机。

温度 10℃~20℃;若操作频率介于 84~1300GHz 之间,则采用铌(Niobium,Nb)、氮化铌(NbN)、或氮化钛铌(NbTiN)等低温超导体材料,制成微米尺寸的超导—绝缘—超导结(superconductor-insulator-superconductor junction)量子混频器直接进行降频,再以磷化铟放大器放大中频信号,操作温度在绝对温度 2.5℃~4.5℃。操作频率为 1000GHz 以上的高频次毫米波时,通常以更先进的、具有超导体次微米线宽的热电子辐射热定计,作为混频器元件,操作温度通常亦在绝对温度 2.5℃~4.5℃。

现代电波天文学普遍使用的辐射热定计(图 7),多半利用超导体内某些物理特性(通常为电阻或电感值),对所吸收的微量电磁辐射产生的巨大变化来进行测量，其灵敏度亦与元件的操作温度有关，而为了达到令天文学家满意的低杂讯要求，其操作温度通常低于绝对温度1度以下。

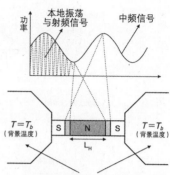

图7 热电子辐射热定计作为混频器时的热点（hot-spot）理论模型，由本振信号与射频信号合成之驻波对纳米级厚度、亚微米级尺寸超导线段（S）加热造成局部线段升温而成一般金属状态（N），线段长短随驻波之极大极小而有周期变化，整个元件之电阻值亦呈周期变化，混频运动由此产生。

阵列——电波望远镜成像

如同光学望远镜的成像摄影，电波天文望远镜在观测时除了频谱与功率等资讯之外，也经常需要测量出电波在星空中的精确二维空间分布图。除了用电波天文望远镜对星空的机械扫描之外，还有各种不同的技术可以提高成像速度。一个构想是焦平面接收机阵列（focal plan array），这是在大型电波天文望远镜的聚焦面上安装成紧密排列的结构，形成二维矩阵的多个接收机，如此可以将原本单一大波束分割，形成类似昆虫复眼所看到的低解析度影像。辐射热定式接收机由热侦测器与极低频的读取电路组成，由于热侦测器的尺寸微小，且低频电路的布线较为容易，普遍作成焦平面接收机阵列，差频式接收机组成的焦平面阵列较为少见。

配备热量计式接收机的电波天文望远镜只能各自独立操作，因此其观测能力基本上受到望远镜口径与接收机灵敏度所限制，而配备差频式接收机的电波天文望远镜，由于同时记录了电波天文讯号的相位与振幅资讯，当两部以上电波望远镜使用共同操作频率，各望远镜的本地振荡器锁定于共同相位，且观测共同目标时，透过对相位与振幅资讯的相关运算，可以达成电波天文望远镜的孔径合成（aperture synthesis），形成干涉仪阵（interferometric array）。干涉仪式望远镜阵列不但在等效口径方面，突破机械与结构力学对单一望远镜口径的限制，达到更高的空间角解析度，更可以随需要更改阵列中各望远镜摆放的位置，或是添加新的望远镜以扩大阵列规模。以特长基线干涉仪为例，其等效口径可达数千乃至上万千米，接近地球直径，解析度可达到次角秒的精确度。

东亚重要的天文人设施

东亚的电波天文仪器研制以日本最早，在 1980 年代建成野边山毫米波阵列（图 8），与北美及欧洲的电波天文仪器研制同步发展。1999 年，日本天体测量特长基线干涉仪阵（VLBI Exploration for Radio Astrometry, VERA）开始建造。不只是日本国立天文台，东京大学、名古屋大学、大阪府立大学等，亦有电波天文仪器研制计划。中国与韩国则在1990 年代引进美国马萨诸塞大学州大学的五校联合 13.7 米口径毫米波望远镜设计。南京紫金山天文台有 7 个天文观测站，其中最大毫米波射电天文观测基地，设于青海省柴达木盆地，北京天文台也于 1982 年，建成 28 面低频（波长约 1

米) 9 米口径望远镜的北京密云电波天文干涉仪。中国特长基线干涉仪望远镜有上海、北京、昆明和乌鲁木齐四座。韩国天文与太空科学研究院，目前正全力建造三具 25 米口径望远镜，操作频率达 165GHz 的韩国特长基线干涉仪网络（Korea VLBI Network, KVN），将与日本天体测量特长基线干涉仪阵列联合运转。

图 8　东亚之重要电波天文仪器设施。(A)青海省德令哈 13.7 米口径毫米波望远镜；(B)首尔延世大学校区 25 米口径毫米波望远镜,属韩国超长基线干涉仪网络;(C)日本野边山天文台毫米波望远镜阵列。

未来技术发展趋势

在未来，电波天文仪器技术的发展有五大趋势：

（一）国际化合作共同建造极大型干涉仪式望远镜阵将成为主流。预定 2012 年落成运转的巨大型毫米波与亚毫米波阵（ALMA）计划之后，预定 2020 年落成运转的平方千米阵列（Square Kelometer Array, SKA）亦为许多跨国部门联合建造，此阵列将提供超高频至低频毫米波（0.3～34GHz）达一平方千米的集波面积（collecting area）。

（二）高频差频式接收机方面，预计可侦测 1.0～10.0THz 的接收机元件，将在未来十年逐步迈向技术成熟，相关太空望远镜乃至于太空干涉仪阵列概念构想已被提出讨论。

（三）低频差频式接收机方面，数码通讯与软体广播的通讯编码技术，将可实现人为电波杂讯自低频电波天文观测资料完全移除，进而解除台址地点选择的限制。

（四）干涉仪式望远镜阵列之后端信号处理方面，随着积体电路制程技术飞快发展，微波等级的高速数码信号处理技术与电子计算能力的成熟，将实现更大型干涉仪式望远镜阵列的观测资料迅速成像。

（五）在热量计式接收机方面，随着超导体制程之成熟，包含数千乃至数万像素的极大型焦平面接收机阵列将被实现，搭配极大口径高精密度亚毫米波望远镜进行观测。

基于上列的技术发展趋势，所开发的新一代电波天文仪

器，将继续提供天文学家探索重要研究主题所需的观测利
器，相关的技术研究，也将带动尖端电信通讯技术发展，推
动人类生活福祉与科技进步。

在 0 与 1 之间认识宇宙

□ 曾耀寰

电脑科技对于天文学研究，扮演举足轻重的角色，不论是观测、模拟、星体演化研究，都需要大量的科技支援，由此我们才能对宇宙有更深远的认识。

人对天文学家工作的印象，不外乎在高山上的天文台里面，外头寒风刺骨，方圆百里不见人烟，孤独的天文学家精神专注、目不转睛地对着一管长长的望远镜，耐着性子记录天体运行的状况。这是 17、18 世纪天文学家的工作纪实，当时没有照相机，没有电暖设备，天文学家只能将眼睛所看到的天体，尽可能详实地描绘下来。

前"电脑"时代

1609 年，伽利略拿自制的望远镜，月球表面的高山、平原和谷壑在伽利略的笔下清楚显现。伽利略还连续好几天记录太阳表面的黑斑（太阳黑子），进而了解这些黑斑并非正好行经太阳的内行星，而是长在太阳的表面。此外，由于太阳黑子会随着太阳表面移动，所以伽利略能据此推测太阳的自转运动。

1845 年，罗斯爵士用自制的望远镜首次看到螺旋星云 M51（现称做螺旋星系，图 9），并绘制下来。罗斯爵士的

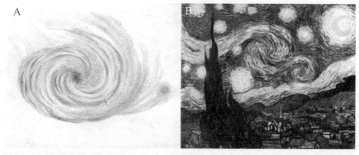

图 9　(A)罗斯爵士自行绘制 M51 星云的手稿;(B)则是荷兰画家梵・高的《星夜》，中间的螺旋状云气很像 M51 星云。

发现，可能就是画家梵高・名作《星夜》(starry night)的灵感。

在同一时期，法国艺术家达盖尔(Louis-Jacques-Mand aguerre)，沿用续了另一位法国艺术家尼普斯（Joseph Nicephore Niepce）的摄影技术，发展出达盖尔摄影术，可以在敷有银的铜版上记录光的讯号，就像现在的传统照相机，透过物质与光之间的化学反应，将影像记录在照相底片一样。

1840年英国化学家德雷珀（John William Draper）首先将摄影术应用到天空，经过长达二十分钟的曝光，成功拍摄到月亮的模糊照片，这也是人类首张成功拍摄到的天文照片（图10）。虽然一开始照相的效果并不理想，经过长期改良，逐渐成为天文学家记录天体讯号的主要工具。

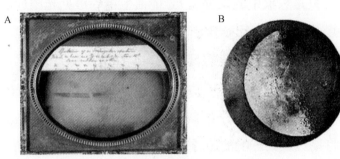

图10　(A)德雷珀在1840年首次用达盖尔摄影术拍摄到的月球照片；(B)后来他又在1845年拍摄到较为清楚的月球照片。

进入数码时代

1969年两名美国贝尔实验室研究人员设计出电荷耦合元件（简称CCD）的基本架构及操作原理，CCD是一种将光转换成电的电子仪器，基本原理是和光电效应有关，当光子打到半导体晶片上，会有一些电子得到光子的能量而逃离出来，逃脱的电子数量是和光的强度有关，只要把逃脱的电子数量记下来，便可以得到光的强度。因此我们可以说CCD是一种记录光的侦测器。不过，有个和照相底片不同之处，就是我们可以透过CCD得到电讯号，如此一来，照相摄影便进入数字化时代。

1973 年第一台商用 CCD 问世，解析度只有 100×100 像素。1974 年，透过 20 厘米口径望远镜，天文学家得到首张月亮的数字照片，1979 年美国基特峰天文台，引进 320×512 像素的 CCD 照相机，天文观测正式进入数字时代。

天文学进入数字时代是不可避免的，21 世纪的天文观测不再只是想象中的以管窥天，地面上单一可见光望远镜的口径已达 10 米，天文学家没办法单靠人力操控望远镜，也不再将眼睛贴在望远镜的目镜前头，直接观察天象。

事实上，现今的天文观测者，是坐在配有空调系统的控制室内，控制室里放了一排排的电脑，天文学家坐在电脑前面，将星星在天球上的位置键入，借由自动马达的带动，遥控巨大的望远镜，当望远镜对准目标后，再接着在电脑荧屏前下达指令，透过 CCD 将通过望远镜的星光记录下来。有时天文学家甚至不需要坐在天文台的控制室内，只要透过网络的连接，就可以在远端电脑前下指令，进行天文观测。借由电脑的自动控制，不仅是天文观测，在其他科学领域也都有类似的应用。

数码资料的校正

CCD 记录资料之后，天文学家还要分析资料，在分析之前，资料的校正是非常关键的。为了要得到"干净"的资料，一些会扰乱资料纯净度的杂讯都需要去除，例如天空中背景光的干扰、接收设备本身温度所带来的杂讯，这些动作都经由天文学家将处理再写成电脑程式,让电脑遵照程式将资料"纯化"。之后再从资料当中,分析出有用的讯息,解释望远镜所看到的现象。

望远镜所看到的(或者说"记录到"的),是宇宙天体过往所发生的事,我们现在看到的太阳,是八分半钟前的太阳,因为太阳光需要经过八分半钟的时间,才能从太阳来到地球。如果我们现在看到离我们一百光年的超新星爆炸,表示超新星爆炸真正发生的时间是在一百年前。从这个角度来看,天文观测类似考古学,所看到的天体现象,都是以前所发生的事,看得越远,事件发生的时间越古老。

人类的寿命是有限的,在天文上,大部分发生的事件,都是以万年计,在整个宇宙的历史中,人类的文明发展只是一瞬间的事,单靠望远镜的观察是不够的。这种困境就像外星人来到地球进行人类的生物研究,除非他待在地球的时间长达数十年,否则难以窥探人类的全貌。假若要在一天内了解人类的一生,外星人可以透过统计的方式进行研究。首先他得对很多的地球人取样,所挑选的地球人有儿童、青少年、中年人,也有老年人,只要取样不要有偏差,从这些挑选的地球人中,分析比对,便可以了解人类一生的过程。

天文学家采取类似的统计方法探究天体,除此之外,还可以用电脑进行模拟,模拟就是仿真,透过电脑对研究的天体进行沙盘推演。电脑虽然看似万能,但要电脑模拟出有意义的结果，基本的科学原理是必需的，否则便只是将一堆垃圾输入电脑，再一股脑地将垃圾输出（garbage in, garbage out）。让我们看看天文学家用电脑能进行的哪些模拟。

数字模拟实况

数码模拟得从长时间曝光谈起。业余观星人经常带着个人的望远镜跑到深山，或人烟稀少的区域进行观星，观星不仅是将望远镜、照相设备架好，有时为了得到较好的星象照片，长时间的照相曝光是不可或缺的。但长时间曝光的技术并不容易，因为星星会随着地球自转而改变位置，长时间曝光会让影像糊掉，所以曝光时，望远镜必须随"星"转动。但是，星星都是绕着北极星转，而北极星的位置会因观测地点而不同，所以观星人必须先了解观测地点的位置。

要知道观测地点的星空，需要的是一张描绘有每颗星的地图，不仅显示星的位置，还要显示不同时间下的位置变化。中国古时候是用浑象来标示星空，现在可以用星座，但不论哪种，准确度都不够，只能用来找一些亮星，或者星座，若要更精确的星星位置，便需要应用到电脑的模拟星图软件。

模拟星图软件可以展现不同位置、不同时间所看到的星空，只要将观测位置和时间输入电脑，模拟星图软件便可以显现当下的星空，根据软件所附的资料库，还可以显现出肉眼看不到的暗星。另外模拟星图软件还可以显示不同时间的星空，以免费模拟星图软件虚拟星空为例，笔者利用虚拟星空模拟 2009 年的 7 月 22 日早上 9 时 42 分的日食，观测地点分别选择台湾地区的鹿林天文台和上海市（图 11），就可以发现在鹿林天文台看到的是日偏食，而上海则是日全食。

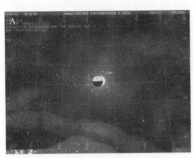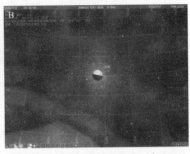

图 11　利用星图软体预测 2009 年 7 月 22 日早上 9 时 42 分的日食画面。(A)在鹿林天文台可看到的是日偏食；(B)同一时间在上海看到的是日全食。

除了预测日食，透过模拟软件，还可以作为艺术品的侦探。2003 年美国西南德州大学多纳（Donald Olson）教授推断，梵·高名画《月升》（moonrise，图 12）的作画时间是在 1889 年 7 月 13 日晚上 9 时 8 分。最早研究梵·高画作的人为这幅画命名为《日落》，因为画中有一个大大的红太阳，后来才发现其实是月亮升起。

在此之前的 1970 年，当时所考证的结果，认为梵·高作画的时间是在 1889 年 7 月 6 日，但多纳教授在三十多年后，根据作画的地点（法国的圣海米），整幅画的方位以及月亮的位置，配合了星图模拟软件，发现这幅画的日期应该

图 12　梵·高名画《月升》

是在 1889 年 5 月 16 日或 7 月 13 日。由于画作前景是金黄色的麦子，最后才认定作画时间是在 7 月。同样的方式，多纳教授认定梵·高另一幅画作《夜晚的白宫》（White House at Night）是 1890 年 6 月 16 日晚上 7 时，这次他凭借的是画作右上角金星的位置。

除了这些有趣的应用，天文学家还可以计算预测月掩星，也就是月亮遮掩到背景星的现象，掩星现象看似平常，但天文学家借由月掩星可以测量出星星的大小。通常地面上的望远镜受到大气扰动的影响（这也是星星看起来一闪一闪的原因），测量的角解析度在 1 秒弧以上，但借由月掩星技术，角解析度可达 0.001 秒弧以上，如果把太阳放在最近恒星（半射手座α星）的位置，太阳盘面张开的角度约 0.007 秒弧，也就是说利用月掩星技术可以测量位在四光年远的太阳角直径。由于可做精确的测量，因此对月掩星发生的时间和位置必须事先得知，模拟软件在其中发挥关键作用。

天文动力问题

除此之外，电脑还可以处理天文上的动力问题。所谓动力问题，就是天体受到彼此间相互作用力所造成的运动变化。大自然有四种基本作用力：弱作用力、强作用力、电磁力和万有引力。其中以万有引力的强度最弱，不过强作用力和弱作用力必须在非常短的距离内才有效，而电磁力虽然很强，但包含有吸引力和排斥力，当一个带正电的粒子放在一团带电粒子中，会吸引带负电的粒子，使之在四周形成负电的遮罩云，从较远的位置来看，整体就变成电中性，也就看不到电磁力。反之万有引力只有吸引力，只要有质量便有万有引力，即便是在宇宙的边缘，万有引力的效应依然存在。因此在研究天文动力问题时，大部分的情况都只考虑万有引力。

比较简单的动力问题是双星系统，因为只牵涉两个星星，相互借着万有引力绕着共同的质量中心运转，这个问题在理论上是存在的，只要将运动方程式写下来，就可以数学方式求解，再借由电脑计算得到详细的运动状况。

较困难的是三体问题，除非有特殊限制，例如第三个星星的质量太小，它的万有引力无法影响其他两个星，否则一般的三体问题在理论上是无解的，这时只能透过电脑进行数值计算。至于数量更大的多体问题基本上都得靠电脑的协助。

若用电脑解决多体问题，可以将天体当成数学上的一个质点，每个质点都受到系统内其他质点的万有引力。预设整个系统有 N 个质点，则计算万有引力的次数是 N（N－1）／2，当每个质点受力全部加总起来，透过牛顿第二运动定律，作用力等于质量乘以加速度，算出每个质点下一个时刻的位置，整个系统一步一步地随着时间向前推进，数百年甚至数十亿年的动力过程便在电脑荧屏上展现出来。

从物理学的角度来看，多体问题只是计算复杂而已，但只要有足够的电脑计算时间，一定可以算出结果。不过相较于真实状况，电脑模型还是太过简单，并且所需的电脑计算量太大，每当质点数变成 100 倍，计算量就要变成 10000 倍，也就是说原本只需要一天的计算时间，可能就会变成得要 27 年才能完成。

改进演算法——用网格换取速度

解决这个问题的方法牵涉很广，若只想要加快计算速度，可以从演算法和电脑硬件设计入手。整体来说，万有引力的计算量最多，我们不必硬要计算每个质点所受到的万有引力，也许采用其他演算法可得到类似结果，又能节省计算时间。

例如改算空间上的重力场，先将质点分布转换成空间上的密度分布，就像用一张很大的网覆盖在空间上，然后根据

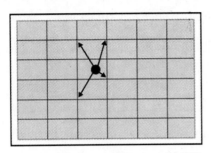

图 13　质点借由差分的方式,分布到网格点上,计算出每个网格点上的密度分布。

质点分布状况计算网格上的密度（图 13），有了密度分布，便可以计算出网格点上的重力场。

质点会随着重力场的高低起伏，做出应有的移动，重复计算步骤就能得到质点随时间的运动情形。这种计算方式的计算量是和网格的粗细有关，如果网格数为 N，计算量是和 N log（N）成正比，当网格数变成 100 倍，计算量大约只增为 200 倍，这就比之前快多了。

另外还可以从万有引力的计算方式，改善硬碰硬的计算。原先是要把每个质点的万有引力都算出，然后一一加总起来，若考虑将较远的一群质点（设有 m 个）当成一个大质点，计算量便可以从 m 次减少到一次，这种演算法称作树枝状码（tree code）。树枝状码的计算量也是和 N log（N）成正比，是现今计算天文动力问题的主流方法之一。

让运算加速——多处理机

除了演算法的改进外，电脑硬件上也可以进行计算的加速动作，采用许多处理机同时进行计算，也就是所谓的平行计算。平行计算是一种电脑计算的形式，借由单一程式的控制，让每个处理机都能平均分担整体计算量，减少处理机之间不必要的资料传输。在硬件上，加快处理机的速度，增加资料传输的频宽以及改进电脑间网路，都对平行计算的效率提升有帮助。

此外，还可以针对万有引力的计算设计出特殊的硬件设备，例如日本东京大学的 Grape 计划，他们将万有引力的部分交由自行设计的电路计算，并且遵循向量电脑的计算构想，同时对许多质点进行计算，进而提高计算能力。这种特殊设计的硬件，只能针对某些问题，且价格偏高，使用并不普遍。

现在最牢靠方式是用电脑的显示卡进行计算。显示卡为了提升荧屏解析力，能快速显示荧屏的变化。显示卡上都有个别计算图形处理器（GPU），这些 GPU 都有许多加速的设计，可以应用到天文计算。不仅在天文领域，其他科学计算都可以获得有效的计算加速，如果应用得宜，有时可以获得百倍以上的加速效果。

用电脑透视恒星

除了许多星星的运动状况，电脑还可用以研究单一恒星内部的结构。我们经常说的星星，是指类似太阳的恒星，是一种核心进行核融合反应，可以产生大量能量的星体。恒星可以看成一个大氢气球，这个气球如何能维持固定的体态？

恒星维持体态的主要因素有二：万有引力和压力。万有引力永远是吸引的作用力，恒星自身的万有引力使得恒星向中心收缩，星体越收缩，体积就越小，密度就越大，结果造成万有引力收缩得越厉害。恒星自身的气体压力主要来自于核融合反应，核心借由核融合反应产生的压力会向外扩张。只要二者达到近乎平衡的状态，恒星就能维持一定的体态，使得恒星能稳定地发光发热。一旦知道恒星稳定的原因，便可以用数学式子描述稳定状态下恒星内部密度、温度等，当中主要的数学式子包括质量守恒、动量守恒定律、气体状态方程式和连接恒星密度分布与万有引力间的关系式。

有了恒星自身运作的物理原理，借由电脑的数值计算，可以针对不同质量的恒星进行计算，了解恒星内部的详细状况，这便是电脑发挥强大功能的地方。现处在稳定平衡下的恒星，若考虑更多实际状况，如参考太阳表面的米粒状结构，得知太阳内部存有对流的运动，这时便会让数学式子稍微复杂些。如果再加上核心核融合反应产生能量的速率，以及有限的反应燃料量（也就是核心氢的使用状况），便可以计算出恒星一生的演化过程。

星球演化是天文学家利用电脑计算的重要成就，所以我们现在知道，太阳再经过五十亿年后，会变成暴肥的红巨星。根据推算，质量是太阳三十倍的恒星，不仅寿命只有数百万年，其暴肥的结果会出现像元旦烟火秀一样的超新星爆炸。此外，二者最后的遗留产物也不尽相同，太阳会变成白矮星，而大质量恒星可能变成中子星或黑洞。这些过程都能借由电脑一一呈现。

宇宙当中不仅只有恒星，还有许多星云和星尘，会和恒星混杂在一起，中性的分子云借由万有引力可以塌缩成恒星，初生的原恒星会借由分子流或喷流吹散四周的云气，之间的相互作用非常复杂，空间中的磁场和恒星所产生的辐射都是影响的重要因素，云气本身属于流体的范畴，掌管流体的流体方程式也是非常复杂，大多数情况都得靠电脑的强大计算能力。

用 X 射线看星星

□周　翌

X 射线自 20 世纪 60 年代开始发展，至今已有丰富成果。它不但为人类开了一扇窥探宇宙的窗，更提供了一个人类无法创造的实验室。

第一届诺贝尔物理奖颁给了伦琴(Wilhelm Conrad Roentgen)，表彰其发现 X 射线的贡献。时至今日，X 射线的应用已十分广泛，如在医疗、工业制造与科学研究上，X 射线都是有利工具。但日常所见的 X 射线，除极少部分由放射性元素产生，大多是人工制造的，是将带电粒子（通常是电子）加速或减速而产生。

来自天上的 X 射线

首先谈谈 X 射线的基本性质。X 射线为全电磁波频谱的一部分，但波长极短，仅为可见光的千分之一，约一个原子的大小。以量子论观点来看，相较于可见光，它的粒子性极强，通常以"光子"处理。一个 X 射线光子的能量大约在数百至数十万电子伏特。

天体的辐射机制可粗略分为"热辐射"与"非热辐射"。热辐射方面，通常恒星所发出的连续光谱近似黑体辐射，因此我们利用黑体辐射概念来探讨天体的热辐射。将太阳的光谱与黑体辐射比较，发现与绝对温度 6000K 的黑体相似，这就是一般所称的太阳表面温度，其主要辐射波段落在可见光波段。同理，若某恒星的主要辐射波段落在 X 射线波段，那我们利用黑体辐射中的"维恩位移定律"[①]，就可以推测这个恒星的表面温度高达 600 万度。

再来，我们考虑斯特凡—波兹曼定律。假设这个恒星与太阳差不多大，那么其辐射强度将是太阳的一兆倍。如此强大的辐射会产生极大的辐射压，使恒星崩解。因此，一般恒星的辐射不可能以 X 射线为主。

---

① 热辐射的基本定律之一。在一定温度下，绝对黑体的与辐射本领最大值相对应的波长λ和绝对温度 T 的乘积为一常数，即λ（m）T ＝ b（微米），b ＝ 0.002897m · K，称为维恩常量。它表明，当绝对黑体的温度升高时，辐射本领的最大值向短波方向移动。

另一方面，以非热辐射而言，通常是带电粒子经某些特殊物理过程或交互作用，释放出 X 射线，诸如制动辐射、同步辐射与逆康普吞效应等。但无论何种机制，带电粒子都至少要有与 X 射线光子相当的能量，也就是数千电子伏特。要维持带电粒子在这样的高能状态，温度也需在数百万度以上（$kT \approx h\nu$），远大于一般恒星的表面温度。

事实上，一般恒星的 X 射线辐射很低，以太阳为例，其 X 射线的辐射量仅占总辐射量的百万分之一。若将太阳放在一千秒差距（约 3200 光年）外，那么以 20 世纪 60 年代前的技术，得将 X 射线侦测器的灵敏度提高一千亿倍，才能侦测到太阳的 X 射线。因此，虽然人类早在二战后，就能利用探空火箭在大气层外①做观测，但对太阳系外的 X 射线源却不感兴趣。

X 射线的天文学发轫

情况到 20 世纪 60 年代后有了改变。1962 年，贾科尼（R. Giacconi）尝试将盖格计数器以航空火箭载到大气层外，试图侦测月球表面所反射的太阳 X 射线，却意外地发现一个强烈的系外 X 射线源——天蝎座 X-1，开启了 X 射线天文学（贾科尼也因此获得 2002 年的诺贝尔物理奖）。此后十

---

① 由于大气层对 X 射线有很强烈的吸收作用，因此 X 射线的观测都必须在大气层外进行。

年间，以航天火箭的技术，陆续发现约三十余个太阳系外 X 射线源，但这些天体为何发出如此强大的 X 射线，在当时仍是一个谜。

随着人造卫星技术的逐年进步，人类终于发展出卫星形态的 X 射线望远镜，以进行较长期的深入观测。第一个卫星 X 射线望远镜 Uhuru 升空后，不但在三年内，将太阳系外 X 射线源的数目增加到三百多个，而且在分析其中的半射手座 X-3 资料后，才解开这些 X 射线源之谜。从观测资料发现，它是一个 X 射线脉冲星，脉冲周期 4.8 秒，这证明系统里有个中子星。此外，这个 4.8 秒的脉冲周期并不稳定，而以 2.09 天的周期上下浮动，所以很明显，此中子星在一个双星系统中，其 2.09 天的双星轨道运动，造成轨道多普勒效应。另一个强有力的证据是，系统中的 X 射线每 2.09 天会消失 11 个小时，又进一步证明这个系统是个食双星系统。

双星周期仅 2.09 天，表示中子星与伴星十分接近，因此，伴星中的物质可能利用伴星的恒星风，或者借由重力（潮汐力）的牵引，落到中子星的表面，这种物质落到星体上的现象，在天文学上称之为"吸积（accretion）"，上述的天体则称作 X 射线双星（图 14）。一个 X 射线双星绝大部分的辐射能都集中在 X 射线波段（超过 99%），其辐射功率很高，相当于 1000~10000 倍的太阳亮度，其强大的 X 射线正是吸积时由重力位能转化成辐射能而来。

图 14　一个 X 射线双星 X1916-053 的艺术家想象图。
它是由一颗白矮星与一颗中子星组成的双星系统，
当白矮星的物质被吸积到中子星时，由于物质带有
一定大小的角动量，吸积时会形成吸积盘。

致密天体——强烈的宇宙 X 射线来源

　　然而，并非吸积到任何星体都会产生 X 射线，还必须
能造成极强的重力场（如中子星或黑洞）。要了解其中的原
因，我们得先讨论一下能量转换效率，以及爱丁顿极限。

　　一般恒星的能量来源是核融合，考虑能量转换效率时，
质能互换公式可写为：

$$\triangle E = \eta \triangle mc^2$$

　　其中 $\triangle E$ 为产生的能量，$\triangle m$ 为过程中"燃料"的损耗
（不是质亏），而 η 就是能量转换效率。若恒星内部进行核融
合反应（$4H \rightarrow He + 2e^+ + 2\nu_e$）时，每损耗四个氢、合成一
个氦之后，有 0.8% 的质量转化成能量释出，则 $\eta = 0.008$。

　　相较于恒星的核融合反应，X 射线双星系统内中子星的
能量来源，是吸积过程中所释放的重力位能：

$$\triangle E = \frac{GM^* \triangle mt}{R^*} = \eta \triangle mc^2$$

$$\Rightarrow = \eta = \frac{GM^*}{R^* c^2}$$

其中 $\dot{M}^*$ 为星体质量，R^* 为星体半径。对白矮星而言，能量转换效率 $\eta = 0.001$。但对中子星而言，此值可高达 0.2。也就是说，当一物体掉落到中子星表面时，所释出的能量，相当于 20% 的质量转换为能量，这比爆一颗氢弹（核融合，$\eta = 0.008$）高出许多，而由此吸积过程产生的亮度可写为：

$$L_{sec} = \frac{GM^* \triangle \dot{M}^*}{R^*} = \eta M^* c^2$$

其中，$\dot{M}^*$ 为吸积率，即单位时间吸积至星体的质量，在能量转换率高时，仅需有限的吸积率，就能造成很大的亮度。以半径 10 千米、质量 $1.4\, M_\odot$（$M_\odot =$ 太阳质量）的中子星而言，若吸积率 $\dot{M}^* = 10^{16} erg / s \approx 1.5 \times 10^{-10} M_\odot / yr$，就能产生每秒 10^{36} 尔格（erg / s）的亮度（约为太阳亮度的一千倍），而如此小而缓慢的质量损失，对伴星来说根本微不足道，因此伴星能提供足够的吸积物质，使 X 射线双星一直发出 X 射线。

以上仅就能量来源作讨论，虽然吸积可提供 X 射线双星发出比太阳大出数千至数万倍的辐射能量，并不代表它一定会发出 X 射线。银河中比太阳亮数万倍以上的恒星有很多，如天津四，其亮度超过太阳六万倍，但其辐射仍以可见光为主。我们还需要探讨一下吸积到致密天体时所发出的光谱。

首先讨论在吸积过程中，X 射线辐射源的大小。由于重力与距离平方成反比，在物质掉落的过程中，有 90% 以上的重力位能，是损失在距星体十倍半径的范围内，换句话说，绝大部分的重力位能，是在星体表面附近转化成辐射能的。利用斯特凡—波兹曼定律，星体的亮度（发光功率）为：

$$L_{sec} = 4\pi R_*^2 \sigma T_*^4$$

假设物质吸积到白矮星上时，能放出 X 射线，表示其表面温度约为一千万度，若以白矮星半径约一万千米估算，则白矮星的亮度（理论上）会高达每秒 7×10^{42} 尔格。但天文学中，稳定星体的亮度是有其上限的，称为爱丁顿极限，其值为：

$$L_{sec} = 1.25 \times 10^{34} \left(\frac{M_*}{M_\odot}\right) erg/s$$

否则光的辐射压超过重力，恒星便会崩解。对一个吸积系统而言，极大的辐射压将造成物质被推离星体，使吸积停止。因此，在白矮星（质量小于 $1.4\,M_\odot$）的吸积过程中，不可能产生强烈的 X 射线。但对中子星或恒星级的黑洞（质量约数倍 $M_\odot$）而言，其辐射源仅十千米大小，以斯特凡—波兹曼定律推算，其辐射功率约每秒 7×10^{36} 尔格，远小于对应的爱丁顿极限，而此数值也与目前观测 X 射线双星的结果相当。

宇宙中的物理实验室

由此可知，致密天体的吸积过程中，唯中子星与黑洞能产生强烈的 X 射线，且就产生在其星体表面附近。这些天体的表面环境十分特殊，人类往往无法制造，如超强重力场、超高密度物质（水密度的一兆倍）、超高温（千万度到数亿度）及超强磁场（数亿至百兆倍的地球磁场）等。

黑洞相关的研究方面，由于孤立的黑洞并不会发出可观测的电磁辐射[①]，我们须观察吸积现象引发的辐射，才能够了解黑洞的性质，特别是接近黑洞表面。而 X 射线双星，是目前唯一可以用来观测恒星级黑洞的天体，至于百万恒星级黑洞的研究，则必须借助活跃星系核与似星体等天体的 X 射线来研究。

虽然人类对中子星并未完全了解，但已有许多证据显示，其质量约为 $1.4M_⊙$，半径仅约十千米，为其相对黑洞（史瓦兹）半径的 2 倍。在其表面所发生的物理现象，一定要考虑广义相对论的效应。故黑洞与中子星表面成为广义相对论的绝佳实验室，由广义相对论所推论出来的现象，可借

---

① 事实上，孤立的黑洞会发出霍金辐射（Hawking radiation），但对一个太阳质量级黑洞而言，其霍金辐射仅相当于一个绝对温度为 10-7K 的黑体辐射，辐射量太低难以观测。

观测 X 射线双星获得证实。以下就近年来在 X 射线天文学方面，发现的有趣天文现象作介绍。

最小稳定圆轨道

20 世纪 90 年代中期，天文学家观测 X 射线双星时，发现有些 X 射线光度，会以数百甚至数千赫兹的频率变动，称为千赫准周期震荡。这种光变的频率会随辐射光谱状态而不同，而且常会同时观测到两个频率。一般相信这是吸积盘内缘（很靠近中子星表面附近）的开普勒运动所造成。

研究 X 射线双星 4U 1820-30 时，天文学家发现，吸积率（X 射线强度）增加时，千赫准周期震荡的频率也随之变大，但高频震荡到了约 1050 赫时，就不再增加（图 15）。天文学家相信，这个频率所对应的半径，即广义相对论所预测"最小稳定圆轨道"之半径。

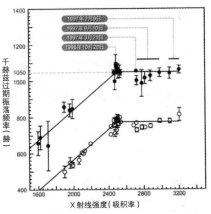

图 15　X 射线双星 4U 1820-30 的千赫准周期震荡频率与 X 射线强度关系图。其高频震荡到 1050 赫后不再增加，是其最小稳定圆轨道所对应之克卜勒频率。

由广义相对论可推得，在三个史瓦兹半径内不存在稳定圆轨道，因此当物质绕行中子星附近，不可能在三个史瓦兹半径内有开普勒运动，也就无法形成更高频的千赫准周期震荡，因而频率停留在 1050 赫左右。据此推论，可得出 4U 1820-30 内的中子星质量约为 2.2$_\odot$M，虽比一般习惯上常用的 1.4M$_\odot$为大，但仍在可接受的范围。

测量黑洞的角动量

黑洞与广义相对论的研究，近年也有些有趣进展。一个"黑洞无毛"理论，说我们仅能测量黑洞的三特性：质量、角动量与电荷。一般天体呈电中性，所以我们将焦点放在质量与角动量（旋转）。测量黑洞质量并不十分困难，可利用附近天体的运动状态得知（如双星系统）。但如何测量角动量呢？如上述，黑洞附近存在一"最小稳定圆轨道"，值为三个史瓦兹半径，但这是指不自转（角动量为零）的黑洞。对于高度旋转的黑洞而言，最小稳定圆轨道半径将小于三个史瓦兹半径，因此若能测得黑洞的最小稳定圆轨道半径与质量，将可推论出其角动量。

天文学家利用 20 世纪 90 年代末发射的 X 射线望远镜 Chandra 与 XMM-Newton 的高解析度光谱仪，对许多黑洞 X 射线双星观测，发现其铁谱线型态相当不对称，与广义相对论的推论相符。但有些黑洞 X 射线双星的谱线，如 XTE J1650-500 与 GX 339-4，出现异常现象，经推算其最小稳定圆轨道半径明显小于三个史瓦兹半径，说明这两个黑洞正在高速旋转（图 16），且很可能如同毫秒脉冲星一般，在演化过程中，从吸积来的物质获取角动量而越转越快。因此，对 X 射线谱线的观测，可供我们测量黑洞角动量。

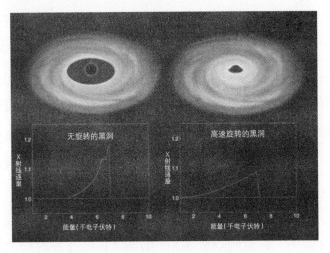

图 16 一个无旋转的黑洞(左)与高速旋转的黑洞(右)铁的谱线之形态不同,高速旋转的黑洞有较小的最小稳定圆轨道半径,可借以测量黑洞的角动量。

20 世纪未解之谜——天文 X 档案

观测致密天体所发出的 X 射线,也协助解决天文物理上的问题。自从 20 世纪中叶预测出中子星的存在以来,一直困扰天文学家问题是:它的"状态方程式"(质量与半径的关系式)仍然未知。虽然我们相信,像白矮星与中子星这种"简并态"的星体,应该是质量越大而半径越小,但一个中子星要到多大的质量,其相对的史瓦兹半径会大于其星体半径,而形成黑洞?这些问题尚未有能被广为接受的理论模型。因此,天文学将试图以观测的方式精确地测量中子星半径与质量的,以求得它们的关系式。

21 世纪初,这方面的研究露出了一线曙光,这要归功于先进的 X 射线望远镜对"X 射线爆发"的观测。X 射线爆发是在 20 世纪 70 年代所发现的一个现象，只出现在以中子星为主星的 X 射线双星。当物质不断堆积到中子星表面，到达一定程度后，会产生"热核不稳定"现象，此时中子星表面的氦会大量进行核反应，形成"氦闪"，使 X 射线强度蹿升数倍至数百倍，持续时间仅数十至数百秒。因此可确定，在 X 射线爆发时，大部分的 X 射线是由中子星表面直接发出。

1999 年底，欧洲 X 射线望远镜 XMM-Newton 升空之后，对一个 X 射线双星 EXO 0748-676 作了长时间的观测（约 33 万秒），其间共收集到 28 次的 X 射线爆发。天文学家利用 XMM-Newton 的高精度光谱仪分析了这 28 次事件，发现其重元素谱线发生明显的重力红位移（z = 0.35），因而得出中子星的质量与半径的比值。后来，又有天文学家从爆发时准周期震荡[①]的频率，推算出中子星的自转周期，并分析上述谱线因中子星的自转而变宽的程度，进而得出中子星的半径约为 11.5 千米，其质量约为 $1.8M_\odot$。至此，我们终于在中子星的质量—半径关系图上，画下了一个比较明确的点，走出相关研究的第一步。

---

① 是仅在 X 射线爆发时观测到的 X 射线快速光变现象，其频率在数十到数百赫兹之间。在对吸积毫秒脉冲星的观测中，已证实这个周期就是中子星自转周期。

结语

X 射线天文学自 20 世纪 60 年代以来，已为天文学家开了一扇窥探宇宙的窗。本文仅简介其对致密天体的研究，与基本物理定律，如广义相对论等的验证与应用。

事实上，不只 X 射线双星能发出强烈的 X 射线，其他诸如本银河系内的 X 射线脉冲星、超新星遗迹、银河系外的活跃星核、似星体、星系团，甚至于最近颇为热门的伽马射线爆发，都是 X 射线天文学的课题。

更特别的是，在 20 世纪 90 年代甚至未来，当更高感度的 X 射线望远镜投入观测后，原本一些在传统上，不属于 X 射线天文学研究的天体或天文现象，如白矮星与恒星形成等主题，都将因能够侦测到其所发出的 X 射线，而变得更加丰富，虽然筹建 X 射线望远镜所费不赀，但所获得之天文或物理上的回馈，是难以用金钱来衡量的。

维恩位移定律

在黑体辐射的光谱中，最大辐射能量所对应的波长与温度成反比。

$$\lambda_{max} = \frac{b}{T_k}, \quad b = 2.8776 \times 10^6 \text{mmK}$$

其中 T* 为恒星表面温度，而 λ_{max} 为主要辐射波段之波长。

斯特凡——波兹曼定律

即黑体辐射强度(单位面积的辐射功率)与温度间关系。

$$F=\sigma T_*^4$$

其中σ为斯特凡—波兹曼常数。

黑洞：抗拒不了的吸引力

□ 蔡　骏

　　黑洞是爱因斯坦广义相对论非常奇妙的结果，研究黑洞需要非常高深的数学与物理背景，然而其中的基础概念，只要具备高中物理与几何概念即可领略一二。

　　黑洞是恒星演化的最后产物，要介绍黑洞，必须先了解恒星，此处以大家熟知的太阳为例。目前太阳正值壮年，已经存在 50 亿年，大概会再存活 50 亿年。太阳能稳定存在是因为内部的核融合反应提供能量，使得太阳因受热有向外扩张的力，但是凡有质量的物体会互相吸引，因此一大团的物质所有引力平均之后，会往中心收缩。而这两股力一个向外膨胀，一个向内收缩，刚好维持平衡，就是目前太阳的稳定状态。

恒星坟墓大观

核融合的燃烧需要燃料，而太阳的质量有限，所以总有一天会燃烧殆尽，这时没有往外支撑的力，内部便会收缩成白矮星，这是以电子间互相排斥的"简并压力"抵挡重力收缩，它的密度比水大上一百万倍。人类发现的第一颗白矮星是天狼星的伴星（Sirus B），那是一个质量与太阳相当，但是体积却只有地球般大小的天体。

如果恒星剩下的质量大于1.4个太阳质量（$M_\odot$），则重力会大过电子简并压力，进一步收缩成中子星。这时以中子简并压力与重力相抗衡，根据理论计算恒星剩下的质量上限约是$3.2M_\odot$。一个中子星大约是把一个太阳般大小的质量集中在一个比台北市还要小的范围内，这样的密度比水还要高一百兆倍。著名的蟹状星云（Crab Nebula, M1）中心就有一个中子星。

虽然中子星已经是非常密的天体，但是如果恒星死亡后的质量高于3.2M，则没有任何力量能够抵抗重力，最后坍陷下去便会成为"黑洞"。

相对论三大基本假设

要理解黑洞需用相对论为基础，在此简要介绍相对论三个基本假设：

1. 惯性坐标的等效性 在惯性坐标上所做的实验结果都一样，运动是相对的，因此无法找出一个绝对静止的坐标。

2. 光速的恒定性 大部分的人会认为是迈克生和莫立的干涉仪测不出因为地球公转而造成的光速差异，才使得爱因斯坦提出光速恒定的假设。其实爱因斯坦早在 15 岁就考虑过这个问题。19 世纪早期，麦克斯韦从电磁学理论中整理出四个公式，并推导出结论：电磁波如果作为一种波在真空中传播，它的速度是一个常数，但当年他没有提到电磁波传播的速度是在哪一个坐标系里测量。

爱因斯坦在青年阶段就很精通电磁学理论，他根据牛顿的绝对时空观念假想自己以光速随着光前进，此时会变成一个没有时间变化、纯粹在空间中移动的情况，这代回到电磁学的公式中他发现没有解答。针对这存在于牛顿力学和电磁学两个理论的矛盾，年轻的爱因斯坦已看出麦克斯韦的理论之完美，而大胆假设牛顿力学是错误的。后来，爱因斯坦把这结果作为第二个基本假设——在任何坐标系下，光速在真空中是一个恒定的常数。

3. 加速度坐标和重力场的等效性原理 前面两个假设属于狭义相对论的范围，提出这种说法之后，爱因斯坦仍因为无法处理加速情况，认为狭义相对论不够完美。因此他后来花了十多年发展出广义相对论，主要关键在于他意识到加速度和重力场的等效性。

设想在一个密闭房间，悬空在天花板上有一辆车子、一个酒杯和一颗苹果，它们如果同时放下便会一起掉落。如果改成房间处于外太空当中，房间下方有一发射器，使得房间朝上加速。人站在房间的地板上，跟着一起加速向上运动，他看到车子、酒杯和苹果都会同时向下掉落，但从外太空的角度来看，车子、酒杯和苹果其实并没有运动。

房间的加速运动造成车子看起来向下掉落，和车子因重力吸引而自由落下的情况是一样的，这就是等效性原理。也就是在加速的坐标当中，你会感觉好像有重力场一般；如果与外界隔绝，则无法判定自己是在重力场中或是在加速情况当中。

时空相对　长幼失序

通过这三项假设，便可以推出所有相对论的东西，首先要了解时间和空间是相对的。从一个假想情况可以说明这理论：

假如有个双胞胎的姐姐搭乘飞船，高速前往离地球最近的恒星射手座α星（4.3 光年远）旅行。她在飞船上有个计时钟，是用两面反射镜让光在之间传递，当光从一面传到另一面，便记录一声。这两面镜子之间的距离为 d，光速也已知，因此这个装置便能用来记录时间。此时在地球上的双胞胎弟弟，也在观察飞船上的计时器，但他所看到的光行进轨迹比较长，光速不变下，同样的滴答一声的时间，对弟弟而言却变得比较长。在姐姐从这趟奇异的旅程回来后，二人的滴答记数应该相同，但弟弟测量的时间会比姐姐的时间还要长，因此弟弟过的时间比姐姐久，所以反而变成哥哥了（图 17）。这就是时间的相对性。而空间的相对性也可由类似情况来谈。因此牛顿力学所建立的绝对时间和绝对空间的观念，就被爱因斯坦的理论打破了。

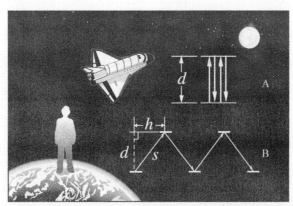

图 17　在不同的坐标系统中计时的差异。(A)飞船中的姐姐看到的光行径路线为垂直;(B)地球上的弟弟因为与计时器处于不同坐标,看到的光行径路线比较长,测量到的时间也相对地增加。

落体错觉 千年难解

　　接下来谈等效原理。古代哲学家亚里士多德曾经基于观测经验而说:"重的东西会掉得比轻的东西快。"但是过了千年之后,有另外一位科学家伽利略则基于思考,通过实验认为:"物体不论轻重,往下掉的速度是一样的。"

　　在伽利略之后还有牛顿。他利用第二运动定律（$F = ma$）和万有引力定律（$F = \dfrac{GM_1M_2}{r^2}$），更进一步把伽利略观察到的现象做了深入的探讨,让人了解到地球上物体同时落地的原因。

　　但是之后从爱因斯坦的角度来看，牛顿的第二运动定律和万有引力定律都是错的，只是他运气好，这两个错误在一起便刚好得到正确的结果。无论如何，事实是所有的东西在真空的情况下，往下掉落的速度都是一样的。

　　再设想此时有两部电梯，一部在地球表面，另一部在外太空向"上"加速。此时如果有一束光从左边往右边射，向上加速的电梯的光从右边出去时会比较低，因此电梯中的人看到的是光以弯曲的路线前进。根据等效原理，在地球表面的情形也会一样，因此光在重力场当中不会直线前进。而我们在时空当中定义"直的"概念，是根据光线讯息去对齐，因此光会弯曲就代表着空间也会弯曲，而时间与空间是关联在一起，因此时间也会弯曲。

　　这个想法早在广义相对论之前就已经产生，我们可以假

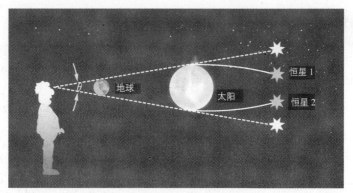

图18　若是太阳处于观测者与两颗恒星之间，恒星发出的光线受到太阳引力影响而产生弯曲(实线)，但观测者所回溯的光线仍然是直线。

设观察远方有两颗恒星，它们之间有个夹角。当太阳走到前面中间时，两道光线会受到太阳的引力影响而弯曲(图18)。虽然光实际的路线是实线，但是由于眼睛回溯路线仍是走直线，因此会以为光线从虚线的路径过来，而使得这两个恒星之间的夹角变大。用狭义相对论和牛顿的古典力学算出来的夹角变化一样大，但是用广义相对论计算的夹角变化会比古典力学大一倍。这项预测后来在 1919 年日全食的时候，被英国天文学家爱丁顿爵士观测到，因此确认广义相对论的正确性。

小小芥菜子　能纳须弥山

质量所建立的重力场会使时空弯曲，这种情况可以想象成在很平的塑胶膜上放上小钢珠，原本平滑的平面就会有些微凹，钢珠重量越大则凹洞会越深。黑洞则是重力场最极端的情况，在很局部的空间当中，重力场很大，就像极重的钢珠把塑胶膜压个破洞，连光都跑不出其范围，因此就称之为"黑洞"。

黑洞的引力大，其潮汐力（对某物体的远近两端之引力差）也很大，如果有人在黑洞附近头上脚下的话，脚部所受到的引力作用比头部所受到的引力还大，此时人就会被拉长成细面条一般，这就是黑洞致命的地方。如果我们要把太阳这种质量的东西作成黑洞的话，它的半径只有三千米。若要以地球的质量做成一个黑洞的话，就要把所有的东西都挤到一个铜板大小的空间当中。这里所提的"大小"是指在该范围当中,连光都逃不出去。

茫茫大世界　黑洞众生相

既然连光都无法从黑洞表面离开,那该如何去观察呢?有时候,黑洞旁边会有别的恒星陪伴,当该恒星变成红巨星时会膨胀,整个外围距离自己恒星中心越来越远,而靠近黑洞的那侧会被黑洞吸走。由于黑洞的引力很大,因此那些气体会受到很大的加速作用,当内外层的速度不同以致相互摩擦时,就会发射出 X 射线。我们借着侦测这样的 X 光源,来推断那边有个黑洞(图19)。

前文所提的多是恒星演化末期的残骸,而恒星形成的理论,显示一开始的星云抽缩时,其质量会有个上限,大约在 $100M_\odot$ 之内,因此这些黑洞质量会在 $10M_\odot$ 以下,属于"轻量级"黑洞。

另外有些黑洞的质量高达 $10^6 \sim 10^9 M_\odot$ 之间,这些

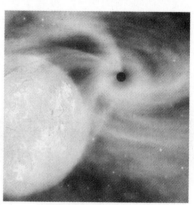

图19　虽然黑洞无法直接观测,但黑洞在吸收星体的气体时,会发射出 X 射线,科学家可以借此来推断黑洞的存在。

黑洞存在于像银河一样星系中心的很小区域,科学家相信在每个星系中央都有重量级的黑洞。这种黑洞的观测,也是借着它把周围云气吸进去时发出极亮的 X 光而得以侦测。我

们自己的银河应该有个 400 万倍太阳质量的黑洞，集中在一个比地日距离一半都不到的空间范围内。

另外也有人好奇，在轻量级与重量级黑洞之间，会不会有"中量级"黑洞？如果真有这样的黑洞，它的质量比轻量级大，应该不会在地球附近，但是质量比重量级小，辐射出的能量不如重量级多，因此不容易观测。不过，真的有科学家寻找到 7000$M_\odot$ 的黑洞，所以中量级黑洞可能真的存在，质量介于 $10^2 \sim 10^5 M_\odot$ 之间。

黑洞其实并不黑　反而很亮

了解不同种类的黑洞之后，再简单描述黑洞的特性。其实黑洞并不"黑"反而很亮，这是因为在它外面有大量的能量辐射。辐射的能量来源于物质被黑洞吸进时不会直接掉入，而是受到角动量的影响，在外面形成一个吸积盘围绕，从开普勒第三行星运动定律知道，内外层间会有转速差异，因而相互摩擦产生热，释放出 X 光。

这种热还会使黑洞附近的气体电子游离，形成电浆，如果这黑洞有磁场，则电浆会

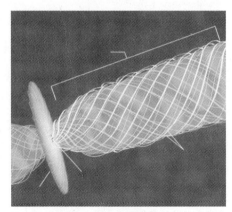

图20　黑洞的吸积盘相互摩擦所产生的热，使得附近的气体电子游离进而形成电浆，当电浆加速到近乎光速时，则会沿着磁场方向形成喷流。

被加速到近乎光速，沿着磁场方向形成高速喷流（图20）。在实际观测上，我们也可找到在 M87 这个椭圆星系中心，可以看到这种预测的现象，根据估计它中心黑洞的质量是太阳的 30 亿倍。

黑洞会如此地亮，主要原因是质量转换成能量的效率很高，太阳产生能量的方式是靠核心的核融合反应，虽然可以产生很多能量，但效率只有 0.7%，如果我们把物质丢到黑洞，黑洞的质量转换成能量的效率可以达到 42%，是核融合反应的 60 倍，这些能量可以让黑洞变得非常亮。

至于有些人会提到"白洞"，它的特性和黑洞相反，会把内部的东西都往外送，不过这目前仅存在于理论当中，科学家还没真正观察到。

还有"裸奇点"（naked singularities）这样的概念。一般的奇异点是把所有质量都集中到一点的地方，其重力无限大，应该是存在于黑洞的中心，但是也有人期待，黑洞外是否会有一个裸露的奇异点存在。目前只有在电脑模拟当中，给予非常严苛的条件下才会看到裸奇点。

"蠹孔"可以想成把两个黑洞上下叠在一起，就像在时空这座大山中挖个山洞。要形成蠹孔非常不容易，即使存在也是很不稳定，但是如果得以短暂存在，科学家在数学上能够证明出，可以将"蠹孔"当成一种时光机器。虽然时光机器可以在过去、未来中穿梭，但对于科学上和历史上的因果关系会造成混淆，造成困扰。

引力波——观测黑洞的好工具

最后提到研究黑洞的工具。一般的天文观测都是电磁波,不过电磁波容易被阻挡（包括被前面的物质折射、散射和吸收）,这对被重重浓密气体围绕的黑洞来说并不适合。

目前认为比较适合的方式,是观察两个黑洞之间造成时空震荡的"引力波"。引力波可以穿透物质,帮助科学家了解黑洞附近的时空结构。然而引力波非常难观测,在美国有个实验室制造出一个长达四千米的管子,希望能侦测到一个质子大小的引力波变化,以后还要发射太空天线去探测,两个太空天线之间的距离是 500 万千米,这是地月距离的 12 倍,但所测得的引力波造成的变化也仅是一个原子的大小。因此尽管引力波是比较好的观测黑洞的方式,但是真要侦测到黑洞的引力波仍然很具有挑战性。

目前有很多观测结果的支持,让黑洞从理论上的遐想步入了真实的世界。科学家已掌握到比较良好的观测方式——引力波,只是现实中引力波非常微弱,如何才能加强了解黑洞的时空结构,还需要再努力。

另外,引力波的理论都是在地球附近的重力场测试,还没有在强重力场下验证,如果真的能克服观测上的障碍,将有助于发展引力波的理论。在这样的研究过程当中,或许会发现一些比黑洞更有趣的物体（例如白洞、蠹孔等）,这对于量子重力理论的研究会有很大的帮助。

从星际尘埃中窥见宇宙万千

□吕圣元

若是谈到天文物理，大家可能很容易想象这类学科研究的对象、主题、或者是其中的关联。但若是提到天文化学，听起来便显得陌生许多。究竟天文与化学的关系在哪里？

天文学研究小至恒星、行星，大至星系及宇宙等天体的起源、形成与演化的科学。化学是研究各种物质的组成、性质、或其形成与过程的学问。当天文学研究的对象逐渐复杂，特别是超越了基本粒子、核子与原子而达到分子的层次时，对化学方面知识与研究的需要，就显得很自然了。

在天文领域中，有关化学方面的研究其实发迹很早，许多天文现象与化学都密切相关。随着天文知识累积，研究主题多样化，天文化学逐渐奠基，并在近二十年发展为一支重要的子学科。

事实上，天文与化学两者的关系相当紧密。化学研究的基本组成要素——原子，是透过天文物理的机制（主要是恒星内部的核融合反应）所产生。若是没有各式各样原子的存在，宇宙中的化学或许就会变得无趣。反过来说，化学反应、过程与变化会控制着物质的表现，从而对天文物理研究的种种天体，有关键性的影响。因此，可以说"天文化学"其实扮演了协调着整个宇宙的重要角色，从最初的大爆炸到今日，从星系、星际物质、恒星、行星乃至卫星。

多样的研究方式

以广义上说，天文化学的研究对象广泛，研究方法也很多样化。从一般所认知的天文观测，太空探测与采样，到地面实验室中的化学反应模拟，与纯粹的理论及数值计算，都包括在内。传统的天文观测包含了利用各种观测技术，对遥远的天体进行侦测。主要是透过电磁波为媒介，从由肉眼直接可视的光学波段，逐渐扩展到肉眼无法看见，但同样是电磁波的无线电、X线、红外线、乃至毫米、亚毫米等各个波段。[①]太空探测与采样则是直接对有兴趣的天体与其组成物质，进行收集与分析。受限于人类能到达的范围，这样的方式主要集中于太阳系内天体，其中，被动的样本，好比由流星雨所带来的各种陨石遗迹，主动出击的任务，则好比早年美国国家航空航天局先锋号（Pioneer）系列对太阳系所进行的探测，阿波罗登月任务，乃至后来各国针对彗星与星际尘埃的拦截与成分分析，甚至是未来可能成行的登陆火星计划。

除了对天体进行各种近距离或远距离的探测，学者也努力尝试，在地球上模拟可能在天体中发生的各式化学反应与现象。一是在实验室中尽可能地塑建出太空中的物理环境，进而测量系统内的物质性质、成分或化学反应。一是建构在已有的认知上，透过理论计算特定化学反应发生的可能性与产物，或以数值计算一包含多种反应物的系统内，各化学反应生成物的多寡与变化。

独特的物理条件

天文化学最富吸引力与挑战性的地方，乃是其中所伴随或作用的各种尺度。从时间上看，天文化学从宇宙之初的大爆炸后到现今，如此绵长的时间尺度内，一直在作用着。从空间上来看，天文化学影响整个巨大的宇宙，乃至极细微的星际分子与尘埃。最为特别的，当然是这些化学反应发生

---

① 电磁波依波长分为伽马射线（小于 0.01 纳米）、X 射线（0.01～10 纳米）、紫外线（10～400 纳米）、可见光（0.4～0.7 微米）、红外线（0.7～100 微米）、毫米波与亚毫米波（0.1～10 毫米）、微波（1～100 厘米）以及无线电波（大于 1 米）。

图21　哈勃太空望远镜在1999年拍摄,从卡利纳星云分离出来的分子云,是由气体和星际尘埃组成。

时,所处之极端环境,包括了极冷(-270~-260℃)或是极热(摄氏数千度),以及极稀薄或是极致密的物理环境。拿星际间的分子云(interstellar molecular cloud,图21)为例,其气体密度为每立方厘米内仅含数千个氢分子。这相当于是一般大气密度之10^{-18}次方。如果这样的数字不足以提供一个具体概念,您或许可以想象将仅1立方厘米(或半个手指节体积)的空气。这样稀薄的环境,比世上顶尖物理实验室所能达到的最佳超真空态,还要稀薄万倍以上!

分子气体与固态尘埃

正由于天文化学所关注的许多极端物理环境,仍无法在地球上复制或模拟,因而提供许多无法以先前的科学或经验法则,所能验证甚至想像的知识。以星际空间中气体分子的反应与合成为例,自1930年代起,天文学家在恒星的可见光吸收光谱中,发现一些双原子分子(如CH、CN)存在的证据。但由于人们相信星际空间中稀薄的气体实在很难相互反应,因此并不期待在星际介质中能够再有惊人的发现。然而,滥觞于1970年代的毫米波天文学,却带来出人意料的结果。透过当时新兴发展的无线电波技术，天文学家在星际介质中一次又一次侦测到新的谱线，而透过与实验室测量或量子力学的计算数据比对，天文学家证实了这些谱线来自于各式各样的分子。这些分子伴随着宇宙中最主要、最丰富的成分——氢，共同以气体形式存在于星际空间中所谓的分子云内。

迄今针对星际与拱星介质（interstellar and circumstellar medium）的观测已经发现了至少 115 种不同的分子！这还不包括由同位素原子所组成的不同分子（例如 ^{12}CO、^{13}CO、$C^{18}O$）。目前所发现的分子种类，包含由两个原子所组成的双原子分子，到由十多个原子所组成的长链或复杂结构的分子。这其中不乏一些日常生活就会接触到、耳熟能详的化学物质，好比一氧化碳（CO）、二氧化碳（CO_2）、甲烷（CH_4）、甲醇（CH_3OH）、乙醇（C_2H_5OH）、乙醚（CH_3OCH_3）、乙酸（CH_3COOH）。其中亦有多组同分异构物（同样的原子组成之结构不同的化学物质），例如乙酸（CH_3COOH）与甲酸甲酯（$HCOOCH_3$）等。

这些星际介质中分子的合成要如何解释？其丰度（相对于氢气分子的多寡）及其演化、理论化学的数值计算，便以对各类化学反应的了解为出发点，将许多单一的反应式联结成为复杂的化学反应式网络（chemical reaction network），进而计算反应生成物的多寡与其对时间的变化。如同先前所提到，星际空间气体的密度相当稀薄，因此不同于一般地球上所面临的情况，多体（多个反应物）同时遭遇、碰撞并进行反应的机会相当微小。因此，星际介质化学反应的重要特性便仅考虑两体反应为主。

不论吸热或放热反应，经常需要跨越一定的反应能量壁垒（activation energy barrier）才能进行。在绝对温度仅十或数十度低温，没有外在热能提供反应能量的星际介质中，靠着反应物间微弱的库伦力，几乎没有反应能量壁垒的离子、分子反应：

$$A^+ + BC \rightarrow AB + C^+$$

成为分子形成的主要管道。在较致密且温暖（数百至上千度）的环境时，需跨越反应能量壁垒的中性分子之相互作用才能发生：

$$A + BC \rightarrow AB + C$$

当然，在星际空间中还有其他种类的化学反应，

$$A + B \rightarrow AB + h\nu$$
$$A^+ + e \rightarrow A + h\nu$$

或者其他包含光子（$h\nu$）或宇宙射线参与的分解或游离反应。较复杂的纯气态反应计算，便同时囊括数百种反应物与生成物，以及数千个气态反应方程式！

然而即使尽可能应用完备反应网络与最新的反应系数，

考虑纯气态反应的化学模型仍面临困境——某些复杂的有机分子在分子云中的丰度无法得到满意的解释。这时，存在于分子云中所谓的星际尘埃（interstellar dust）便展现出它所扮演的角色。

这些大小约为数百至上千纳米的星际尘埃，本身主要是碳化物或是硅化物。碳与硅拥有能够形成多键结的能力，使之能由单一原子结合为较大的结构。这些原子在恒星内部由核融合产生后，在恒星演化后期，便借恒星风或超新星爆炸，而被释放到星际空间，并在冷却过程中结合成较大的尘埃粒子。从星际尘埃的可见光与红外线光谱，可以证实尘埃中主要为碳、硅成分。

更加有趣的是，这些光谱中经常同时看到许多分子所造成的吸收谱线。这些由分子键结振动所造成的谱线，显示分子位于固态尘埃表面的冰层中。图 22 即是借由欧洲太空组织（European Space Agency, ESA）所发射之红外线太空天文台（Infrared Space Observatory, ISO）针对年轻恒星观测所得到的光谱，进而

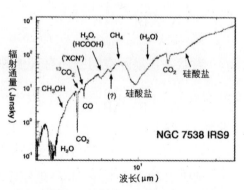

图 22　星际尘埃与其表面冰层造成之红外线吸收谱线。图为红外线太空观测站针对 NGC 7538 IRS9 的原恒星系统，所观测到的分子吸收频谱。图中标示尘埃本身或其表面冰层所包含的分子成分，问号处指光谱之来源未知或不确定。

推测出视线方向上的星际尘埃表面，所吸附的各式分子。

实际上，尘埃表面除了具备吸附分子的能力，更重要的是具有帮助某些化学反应进行的能力。某些原本很难在稀薄气态中互相遭遇的反应物，因为这种催化表面的存在，而能够有机会在表面接触，或者是反应物能够透过接触的表面，吸收或释放出化学反应时的热（能）量，而使得反应能够完成。这种星际尘埃表面的催化功能，让许多原本无法经由纯气态反应产生的分子种类得以合成。

科学应用与终极目标

由于特定的分子常常需要特定的物理环境，才能够形成或者存在。这样的性质，也成为天文学家侦测特定天文物理现象的独特利器。以一氧化碳为例，由于在分子云中有极大丰度，相对容易被侦测到，因此被广泛用来侦测分子云的大小、质量或动力结构。另一方面，目前认为一氧化碳的合成，须倚赖由碳、硅组成之星际尘埃存在。因此一氧化碳也成为研究宇宙与星系演化时，恒星是否已经大量形成（进而能够透过核融合制造大量碳与硅）的重要指标。再以氧化（SiO）为例，由于其仅能在高温环境或星际尘埃裂解的情况下，才会在气体中存在，氧化便成为研究原恒星系统周围，由气体吸积或喷流所造成之震波的最佳工具。

这些研究终极的目标，不外是为了满足人们追求与探索宇宙奥秘的好奇心。宇宙的起源？地球的形成与起源？生命与人类的起源？人类对周遭的认知与探究，其实总是不断地围绕这几个"起源"的问题打转。

驱动着天文化学研究的重要动力之一，就是为了对地球上，甚至宇宙中的生命形态起源与分布，能进一步了解。早期针对陨石与彗星的研究，便发现这些"天外访客"内包含丰富的有机成分，其中甚至有着多种构成蛋白质分子的基本要素——氨基酸存在。这些有机分子是否能经由陨石或彗星带到早期的地球？（图23）如果能够留存于地球的表面，又是否与地球上生命的起源有关？陨石与彗星所蕴藏的各种复杂有机物质，是否仅仅在太阳系初期的云气中能够形成？抑或是在一般的星际云气中便能合成？如果答案是肯定的，那么是否意味着生命种子在宇宙的各处已经被撒下？星际间有机分子的存在，的确给人无限想象与探索的空间。

图23 星际空间之有机分子可能存在于早期太阳系星云与彗星中的示意图。

由此看来，本文中所提到的种种天文化学研究，虽然听起来可能很遥远，看起来和日常生活也没有什么直接的关联，然而宇宙中这些天文化学的反应与过程，却可能包藏着大自然生命起源奥秘的最终答案。

光明与黑暗

——与人类福祸相倚的太阳

□曾耀寰

《圣经》创世纪第一章写到：神说要有光，就有了光。两千多年前的西方人对如此重要、具有启发性的光，指的应是太阳。因为"神称光为昼，称暗为夜"，而白天的光就是太阳光。相较于满天星斗，太阳是人类所感受到、在宇宙间最光辉灿烂的一颗星球。《诗经》里曾出现"杲杲日出"的咏叹。古希腊哲学家赫拉克利特认为火是万物的本源，虽然没有指明这个火就是来自于太阳，但若说永恒不变的火是太阳，原则上也没什么大错。如果没有恒久不变的太阳，地球不会成熟，也不会有生灵，自然也不会有今日如此聪明的人类。说到人类对太阳客观的、不夹杂着主观的感受，第一印象多认为太阳是一个圆盘状的发光体，所发出的光非常明亮刺眼、令人难以直视。正因如此，这个发光体被古人视为非常理想的圆，没有丝毫缺陷和斑污。一旦出现日食奇景，一定是人做错了事，神降下的惩罚。

灿烂恒久的太阳

太阳是如此的明亮，透过现代科学的数据测量，我们可对太阳的亮度做出比较具体的描述。以家里常用的白炽灯泡而言，其亮度是 100 瓦，瓦是一种单位，代表单位时间所放出的能量。所以烫手的 100 瓦灯泡，不仅表示它能量很高，也代表了放出能量的快慢。就好像转开浴室的水龙头，水龙头开得越大。代表出水量大、每秒流出的水多。因此，瓦数越大，也代表流出的能量越大。若将太阳每秒流出的能量换成 100 瓦的白炽灯泡，可以换成多少只呢？答案是个惊人的天文数字大约是 400000……只的

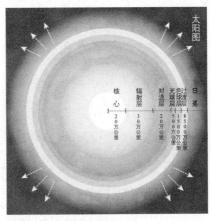

图 23　太阳内部构造剖面图

后头共有 24 个零，多到不知要如何念出来。

这么亮的太阳到底是什么成分组成的？和我们地球有何差别？其实太阳和地球是明显的不同，太阳是一个大火氢气球，而地球只是一颗小石头，太阳的质量是地球的 33 万倍，半径是地球半径的 109 倍，在太阳中可以塞进 130 万颗地球。太阳主要成分是氢和氦，氢原子的数量占 94%，氦原子大约占了 6%，内部构造粗略地分成核心、辐射层、对流层和太阳表面（包括光球层、色球层、过渡区和日冕）。虽然说太阳是个大气球，但内部密度可是超乎想象地致密，从核心发出来的光，会不断地和里头的原子碰撞，经过少则 1 万 7 千年、多则 5 千万年的跌跌撞撞，才能走到太阳的表面。

太阳表面果真是完美无瑕？我们很难用肉眼直视太阳，一般人也就很少仔细观察太阳表面，因此直觉上会认为太阳是个零缺点的圆盘。

实际上，太阳表面并不如我们想象一样，没有斑点和缺陷。1610 年，意大利天文学家伽利略发现，太阳表面有黑色的斑点。这斑点的确是在太阳表面上，因为经过长时间观察，伽利略发现这些黑斑会改变位置，逐渐朝向右边偏移，然后从太阳边缘消失。数天后又从另一边出现，继续向右偏移，回到上次的位置。这代表黑斑是在太阳表面，也说明了太阳本身会自转。这些黑斑称为太阳黑子。在中国典籍中，早在约公元前 140 年，《淮南子·精神训》便记载"日中有踆乌"，简单地描述黑子的模样。详细记载则是出现于公元前 28 年，《汉书·五行志》记载："河平元年……三月已未，日出黄，有黑气大如钱，居日中央。"不过这也只限于简单的定性描述。

其实黑子并不是黑色，黑子只不过比周围的太阳表面暗，所以看起来像是黑的。如果整个太阳变成像太阳黑子一样，也只不过变暗些，因为太阳黑子的温度约有 3000 多 K，比太阳表面的 6000 多 K 要低，但烧红的铁也不过 1000 多 K，可以想见 3000 多 K 的太阳黑子还是很亮的。

太阳黑斑发威

女士们最怕的就是太阳的紫外线，紫外线会伤害人的皮肤，在白皙的皮肤上晒出黑斑。太阳黑子就像是太阳脸上的黑斑，不过太阳的黑斑是有生命周期的，一般持续数天，甚至数个月，但总是可以自己消失，无须昂贵的美白化妆品。在《后汉书·五行志》里头便也曾写道："五年正月，日色赤黄，中有黑气如飞鹊，数月乃消。"

现在科学家已明白，太阳表面活动和结构都是很复杂的，除了近似黑气的黑子外，还有磁场、米粒组织、闪焰、谱斑、日珥等。简言之，由于太阳表面有磁场，表面高温气体受到磁场的影响，会有各种不同的变化和活动，太阳黑子则是太阳磁场最强的地方，通常是地球磁场的数万倍。

先不论太阳黑子的形成原因，光从太阳黑子的表面观察发现，黑子都是成双成对的，有时也会成群出现。就长期观察来看，太阳黑子的数量有周期性的变化，黑子数量上的观察记录可追溯到 17 世纪，但发现数量变化的规律性，是 19 世纪的施瓦贝（Heinrich Schwabe）。他原先是想寻找比水星更靠近太阳的行星，但因为太阳实在太亮，他尝试在太阳表面

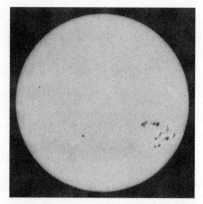

图 24　黑子——太阳脸上的黑斑，其数目具有周期性变化的特性，也是太阳磁场最强的地方。

寻找行星的阴影，因此进行了长达 17 年的太阳表面观测，记录太阳表面的黑斑。

　　这项观察记录的工作，反而让他发现了太阳黑子数量的变化周期，其变化周期大约为十一年，我们称之为太阳活动周期（solar cycle）。太阳黑子数量最多和最少的时期，分别称为太阳活动极大期（solar maximum）和极小期（solar minimum）。

　　如果将太阳黑子数量变化周期和地球长时间气候变化作比对，科学家意外发现 15 ～ 18 世纪在北半球的小冰河时期竟然和太阳活动极小期一致。从资料显示，1645～1715 年是小冰河时期最冷的时候，当时的太阳表面几乎没有黑子活动，这段时期又称做蒙德极小期（Maunder Minimum），平均每年只有一两个黑子出现（在一般情形下，应该可以看到数万个太阳黑子）。

太阳表面活动的减少，表示从太阳流出来的能量变少。地球所需的能量都源自于太阳，因此科学家相信，北半球小冰河时期应是太阳产生的能量减少所导致的。从树木年轮和钻凿出来的冰柱可以得知，从 17 ~ 18 世纪初，欧洲冬天的温度约减少了 1℃ ~ 1.5℃，若从更大的区域来看，其实平均温度只降了 0.3℃ ~ 0.4℃。变黯淡的太阳会使地球局部地区的温度明显下降，造成全球性的气流变化，进而造成冰河时期发生。

小心太阳的脸色

以上是太阳的长时间改变所造成的影响，而在短时间内，太阳打个喷嚏也会影响地球。太阳虽然可以看成一颗大火氢气球，但这颗气球并没有一个外壳包住里头的氢气，太阳里的气体之所以不会散去，是因为太阳本身的万有引力。但在太阳表面，仍有气体可以脱离太阳，不断地向外逃逸，就像电风扇一样向外吹出阵阵太阳风。

在日食的时候，我们可以看到月亮遮住了圆盘中间特亮的部分，同时可以看到四周微微发光的光晕，我们称之为日冕。日冕有时延伸的范围，可以比太阳的本身还大。刚才说的太阳风，是真的像微风一样吹出来，吹到地球附近。太阳风是一种游离的带电粒子，平时的速度可以高达每秒数百千米，若以台风来作比拟，依照气象局的标准，中度台风的风速每秒不过 32.7 ~ 50.9 米，超过每秒 51 米就是强烈台风，但与太阳风相比，风速相差了数万倍，这样强的太阳风是可能造成地球灾害的。

首先，人造卫星会受到影响，有时候我们可以看到电视台宣布，因为太阳的缘故，卫星接收讯号出故障，这是因为从太阳来的高速粒子会撞击太空船和人造卫星，影响电子设备的运作。另外，太阳风会影响地球的电离层，进而干扰地球的通讯。我们知道地球是圆的，由于地形的关系，从甲地发出的电波无法传得太远，就好像离海岸太远的船只，一旦落到海平面以下，岸边的人就看不到船只。若要将甲地的电波讯号传得更远，就需要透过地球高空的电离层。电离层可以看成一面反射电波的镜子，这样就可以将电波讯号传到地平面之外，因此，受到太阳风影响的电离层当然会改变地面电波通讯的状况。

此外，太阳表面出现激烈的电波爆发，伴随着产生的无线电波会传到地球表面，也会影响手机的通讯及全球定位系统。例如 2006 年 12 月 5 日、6 日，太阳发生两次强烈的闪焰，伴随的高速电子和无线电波重击地球，由于爆发的无线电波频率涵盖范围很广，使得许多的 GPS 讯号，或导航系统的讯号出现大量的杂讯，影响通讯品质。而 6 日的闪焰甚至造成许多 GPS 的接收器失灵，无法追踪 GPS 的讯号。生气时的太阳不仅会造成通讯不便，严重时，甚至会造成地面的电厂受到损坏。1989 年 3 月 13 日，由太阳所造成的地球磁暴诱发电流，导致加拿大魁北克省的水力发电装置受损，使加拿大和美国多处地方停电超过九小时，六百万人受到影响，而当时正是太阳进入极大期，表面活动最强的时候。

另外，太阳活动增强，向外流出的能量增加，这些高能的太阳风跑到地球附近，会加热地球的高层大气。热胀冷缩的结果，使得地球大气变得比较厚，这会缩短人造卫星的寿命。人造卫星的飞行速度和它所在的高度有关：越靠近地球，就得飞快一些，否则会被地球的万有引力拉回地面，这是简单的人造卫星飞行原理。人造卫星飞行所在的位置和地球大气有密切的关系，如果有地球大气存在，飞行所造成的摩擦，会使得人造卫星减速，掉落到更低的轨道，间接减少了人造卫星的寿命。

极光——太阳风的礼赞

不过太阳风也不全然是坏的，它所形成的特殊大自然景观，成为高纬度地区的特有风貌，那就是美丽动人的极光。高纬地区、极光椭圆圈内的地方，如果天空晴朗，每天晚上（尤其是午夜前）几乎都可以看到极光。极光在南北两极都会发生，约一百年前，科学家发现极光的发光原理，与日光灯以及霓虹灯的发光原理相似：是从太空的高速电子撞击高空稀薄的中性大气，使大气粒子发光，形成类似地球大窗帘般的光幕。

至于极光出现的位置，则和地球本身磁场有关（图25）。如前所述，太阳不断向四面八方吹出太阳风，有时是强烈的

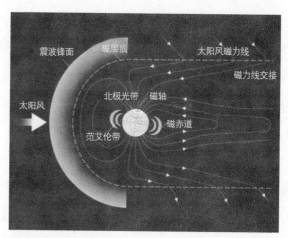

图25　地球磁场的结构

暴风，这些高速的太阳风就像来自外太空的炮弹，直射地球。地球本身并不会坐以待毙——地表会升起一道防护罩，就像《星际大战首部曲》中，刚耿人遭受武装机械人军团攻击所升起的防护罩。地球的防护罩可以抵挡太阳风的攻击，太阳风垂直穿越磁力线时，会受到阻力，就像武装机械人军团的激光炮弹打到防护罩一样。地球的防护罩就是地球本身的磁场，地球的磁场可以阻挡来自太阳的带电粒子攻击。但顺着磁力线的方向则不会受到影响。太阳所引起的地球磁暴会使得磁尾附近的带电粒子，顺着地球磁场进入地球，而地球的磁力线汇集到南北两极，这就是为什么极光主要发生在地球两极的原因。

要太阳的命，也带走地球的命

太阳这般地"杲杲日出"还会持续多久？全看太阳何时用尽它的燃料。太阳之所以会发光、发热，全仗着内部的核融合反应。太阳核心的氢原子，会经过融合反应变成氦原子。在融合过程中，会有质能转换的反应，提供了太阳 4×10^{26} 瓦的能量。但天长地久有时尽，根据计算，太阳内部的核融合反应可以持续 100 亿年，这和太阳的总质量有关。至今太阳已经燃烧了 50 亿年，也就是说，再经过 50 亿年，太阳就要走到它的生命尽头。

在太阳进入老年时期，由于外围气体的膨胀，太阳会像吹了个大大的气球一般，变成一颗红巨星，膨胀的范围会吞噬水星和金星，有可能连地球都会遭殃，可以想象这将是人间炼狱。太阳表面的高温气体会蒸干地球的水分，这不仅只是更强烈的太阳风，而是整个地球都将没入太阳的范围，这绝对是地球的一场浩劫，没有任何生物能幸免于难。

之后，太阳会变成一颗死亡的星球，依照现有的研究，届时太阳外围的气体会不断地向外扩张，就像吹出去的泡泡，永不回头——这就是天文学家看到的行星状星云，当中剩下的残骸就是白矮星。白矮星的体积很小，大概就像我们的地球一样。白矮星无法自己产生能量、自行发光，它会像熄了火的残余灰烬，不断地将剩余的热释放出去，温度越来越低，最后变成一颗黑矮星。

光明与黑暗

这个过程不仅要了太阳的命，也要了地球的命，整个太阳系也将失去光明。天文学家就像神算子一样，预见太阳的死亡，也预见地球的悲惨未来。只是，这一切都发生在 50 亿年之后，人类自有文字记载以来，最多不过数千年，我们还无须杞人忧天、自寻烦恼。不过，太阳是否有可能在不到 50 亿年的时间就突然地"暴毙"？借由对基本物理的了解，这是有可能的，这也是科幻小说吸引人的地方。

2007 年 4 月上映的电影《太阳浩劫》，就是一出描述太阳在短短 50 年间失去光明的故事，《太阳浩劫》属于科幻灾难片，就像《明天过后》《28 天毁灭倒计时》一样。由于太阳即将死亡，片中的八名科学家带着炸弹，投往太阳的核心，以期解救太阳，解救地球危机。杰克！这真是太神奇了！这么神奇的科幻故事，是否有其依据？其实该片聘请了科学家考克斯博士（Dr. Brian Cox）作为顾问，他是一位高能物理学家，在欧洲日内瓦使用大型强子对撞机做研究。考克斯博士认为，太阳核心如果跑进"Q 球"，"Q 球"便可从核心开始，向外不断地蛀蚀，最后让太阳毁灭。

"Q 球"是一种超对称核，属于基本粒子的一种。一般人都知道，所有的物质都是由原子所组成，金有金原子、铁有铁原子，而原子又是由质子、电子和中子所组成，金原子有 79 个质子、79 个电子和 118 个中子，铁原子则是有 28 个质子、26 个电子和 30 个中子。若继续切割下去，物理学家发现质子和中子都是由三个夸克（quark）所构成。这些都是物理学家想探究的问题——宇宙最基本的组成及掌控最基本的物理原理。

其中，超对称的概念是非常重要的，根据这个概念，一般物质都有对应的超对称物：最基本的粒子是夸克，其对应的超对称粒子是纯量夸克（squark）。而"Q 球"属于超对称物，当它碰到一般物质，会将这个物质转变为超对称粒子，例如将夸克变成纯量夸克。这个过程会从太阳的内部向外进行转变，最后会使得太阳爆炸毁灭。

解救太阳的计划

至于如何解救太阳危机？这又得靠更炫的"星球炸弹"来拯救人类。原子弹是靠着引爆小型炸弹，在高温的情况下，诱使铀产生连锁反应，最后引爆原子弹。星球炸弹也类似原子弹，是利用铀来引爆暗物质。把星球炸弹在太阳的核心引爆，产生高达 10^{32} 度的高温，这温度也是"Q 球"形成时的温度，在这样的温度下，"Q 球"会分解成纯量夸克，纯量夸克则会进一步分解成一般的夸克，也就是一般物质，然后解救太阳。那"暗物质"又是啥玩意？暗物质是由天文学家所发现的，至今还不知道暗物质是哪种物质，天文学家比较倾向认为暗物质是非常暗的天体（虽然有这类天体，但现有证据的数量不足）。高能物理学家认为，暗物质是理论的基本粒子（也就是实验室里都还没找到的基本粒子）。但暗物质还不是宇宙最神秘的物质，天文学家发现宇宙还有更神秘的"暗能量"——暗物质占了全宇宙的 23%，暗能量更占了 73%，剩下的才是组成我们的一般物质。如此说来，暗能量应该更具戏剧效果，说不定好莱坞正在拍摄暗能量吞噬全宇宙的《太阳浩劫之宇宙浩劫篇》……无论如何，我们还是轻轻松松地坐在电影院里好好享受电影，研究的工作就留给科学家吧！

探索太阳系的起源

□ 刘名章

　　天文和地球科学的关系，说实在的，除了在高中阶段，天文被放到地球科学课本内，上课要学，考试要考之外，要说出这两者的关系还真是得费相当脑筋。传统地球科学研究地球，而传统天文学则研究太阳系外天体，两个学科似乎少了这么一点联结。要从地球跑到太阳系外，需要旅行过一片相当大的空间。而这个空间里，并非空无一物，反而相当热闹。

　　这个空间，正是太阳系其他天体的居所，有着八大行星[①]。及其卫星、小行星、柯伊伯带和欧特云天体。它们若远似近、看得到却又摸不着。如何透过它们来了解太阳系？看来不是传统天文的知识，也不够传统地球科学的领域，我们管它叫做行星科学。

石头、气体、大杂烩

行星科学的研究对象，就是太阳系天体。小从几百米级的彗星与小行星，大到十万千米级的气体行星，都属于这门科学的范畴。这些天体，不是石头（水星、金星、火星、行星的卫星和小行星带天体）就是气体（木星、土星、天王星和海王星），再不就是冰雪碎石大杂烩（奥尔特云彗星）。既然它们本身特性大异其趣，研究方法也就相当多元，简单分两大类：

亲手操作型　星际空间中，有许多小型石质天体，如小行星带，偶尔会受重力扰动而互相碰撞，产生四处飞溅的小碎片。当碎片进入地球重力场，掉到地上成为陨石，我们便可在地表的实验室进行各式分析。另一种获得外太空固体标本的方式则是"唤山不来则就山"——上太空采集标本，如早期阿波罗登月计划，或最近才完成使命的星尘号彗星任务（Stardust Mission）。

---

① 据 2006 年国际天文联盟会议决议，冥王星不被称为行星的最主要原因，为其周围有太多相似天体，不符合"能够清除轨道附近的天体"之要项。

宇宙新探索

远距分析型　有些太阳系天体不太可能让科学家有亲手分析的机会，如气体行星或水星，这时就要倚靠太空船上的各式分析仪器。如早期伽利略太空船探测木星，两年前完成的土星卡西尼—惠更斯任务（Cassini-Huygens），进行中的水星信使号任务（MESSENGER），与预计 2016 年到达冥王星与柯伊伯带的新地平线任务（New Horizons）等。另一种远距分析方法，则是靠天文观测，譬如利用红外线或雷达来了解小行星地表组成等。

　　以下介绍第一类的研究，并把重点放在陨石和彗星所能带给科学家的讯息，希望给读者有别于传统天文学的思维，了解天文学不是只有望远镜而已。

陨石与彗星的秘密

　　陨石和彗星在行星科学上皆扮演相当重要的角色——它们同为行星形成后残渣，见证太阳系的形成，记录了最初的天文物理化学环境。科学家利用不同的分析仪器，尝试了解陨石和彗星中的矿物组成与化学成分，最终目的在探究一个最基本的问题：太阳系与行星的起源与演化。

太阳系形成的见证者——陨石

　　陨石为太阳系内石质天体的碎片，大部分来自小行星带，其次来自月球，只有极少数可能源自火星。根据组成与形态可分成石质陨石、石铁质陨石与铁质陨石三大类，以第一类最常见。

石质陨石依其化学成分与形成过程，可再细分为球粒陨石（图 26A）与非球粒陨石（图 27）。前者主要组成物，是数毫米到数厘米大小的球粒（图 26B）与基质物质。球粒为硅酸质矿物的组合体，主要包含橄榄石、辉石与长石等。科学家相信，球粒为熔融的岩浆快速冷却而形成的产物，若球粒所在的基质物质中富含有碳的成分，便称为碳质球粒陨石。大多数碳质球粒陨石中，还富含钙铝包裹体，直径大约数毫米至 1 厘米（图 28），其特殊的矿物组成以及化学成分，再配合热力学的计算，使科学家相信此包裹体的主要矿物形成温度，皆在 1300℃上下，为太阳系最古老的固体产物，反映了太阳系最初的组成。

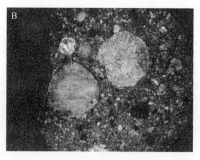

图 26　(A)碳质球粒陨石。图中圆形物体为球粒，不规则物体则为钙铝包裹体；(B)球粒放大照。

石质非球粒陨石则是不包含球粒的陨石，主要是来自已受过岩浆分异作用的小行星，丧失了太阳系最初的化学讯息，不适用于讨论太阳系的起源。

透过陨石了解太阳系形成，有很大一部分着重在同位素的研究。陨石同地球上其他岩石，含有各种长半衰期放射性同位素，如铀 238（^{238}U）。透过这些长半衰期同位素，可以得知陨石的形成年龄。以钙铝包裹体来说，目前最精确的放射性定年告诉我们，它们是在 45亿 6 千 7 百万年前形成，如果这些钙铝包裹体是太阳系最老的固体，那么这个年龄则是太阳系形成的时间下限。此外，在太阳系形成初期，也存在一些短半衰期放射性元素（半衰期约百万年），如铝

图 27　非球粒陨石。此陨石极可能来自于小行星的地壳层，其中含有绿色的矿物——辉石。

图 28　实体显微镜下，某类钙铝包裹体的光学照片，为太阳系最古老的固体之一。

26（^{26}Al，半衰期七十万年）、铁 60（^{60}Fe，半衰期一百五十万年）等。透过陨石了解这些短半衰期核种的存在与其在太阳系形成时的原始丰度，有助于了解太阳系形成时的天文物理环境，也有助于推算太阳系早期许多高温事件的相对时间。

彗星任务——星尘号

2006 年 1 月 15 日，美国洛杉矶时间凌晨两点，一道人造火球划过天际，直抵犹他州沙漠，人类史上首次利用世界

上最轻的固体混合性气溶胶（aerogel），将彗星尘带回地球。为什么要大费周折地将这些灰尘从木星轨道附近带回地球？

太阳系有八大行星和一堆小型天体。前四颗类地行星，都受过或短或长的岩浆分异过程与地质作用，现今结构组成已和形成之初大不相同，对了解太阳系形成帮助不大。后四颗类木行星虽然形成时间早，但组成成分为气体，标本收集不易，研究多以太空船探测任务为主，加上这些气体星球并不能完全反应太阳系最初期成分，所以要改采用固体的样本。现今多利用陨石中的同位素与矿物组成，来了解太阳系形成时，周遭的天文物理环境与太阳星云的化学组成。只是陨石大多来自小行星，而小行星本体或多或少受到一些后期的变质作用，如撞击、水与热作用等，造成一些最原始的同位素讯号或矿物受到了不同程度的改变，所以即使是所谓最原始的陨石，在某种程度上仍然不够原始。

既然陨石无法完全反应太阳星云最原始的化学成分，科学家脑筋便动到了彗星上。彗星也被认为是太阳系最初期的产物，可能跟陨石一样记录了太阳系最初的成分，更重要的是，彗星被保存在极冷处，从彗星离子尾光谱分析得知，其中保留了有机物与挥发性物质，所以彗星的化学成分应该会比陨石更接近太阳。因此，星尘号任务在20世纪90年代中期开始计划，1999年2月发射升空，2004年1月穿过维尔特2号彗星的尾巴收集尘埃，并在2006年1月返回地球表面。

天上彗星无数，为什么只选维尔特2号呢？其实很简单：天时、地利与人和。天时地利指的是，这颗彗星会在适

宇宙新探索

当的时间出现在适当的地点，较容易设计收集尘埃时的太空船路径与速度。为什么这很重要？若彗星和太空船遭遇时相对速度太大，尘埃不是受热挥发就是直接穿过收集器而无法被带回地球。因此，星尘号几乎是追着彗星的尾巴，从后面以每秒六千米的速度，将尘埃"抓进"混合性气溶胶当中。那人和是什么呢？当彗星跑进太阳系受到太阳加热后，挥发性物质会因为高温而遗失，经多次循环后，彗星的组成就有了改变而不再"新鲜"，便无法还原太阳系最原始的成分。但维尔特2号彗星在1974年之前都是属于木星族彗星（指近日点在木星轨道附近），之后受木星重力扰动而改变了轨道，近日点内移到火星附近，至今进入内太阳系仅五次。因此这颗彗星从未因过度靠近太阳而被大量挥发，其化学组成仍是相对原始的。这对于科学家所期待的研究，真是再理想不过了。

彗星尘被带回地球，作了许多不同的研究，如红外线光谱分析、有机物分析、矿物学与同位素的分析等。

星尘号所收集微尘的重要发现之一，是在高温（绝对温度$1300 \sim 1400K$）下形成的矿物，如橄榄石、辉石，与某些在陨石钙铝包裹体中会找到的高温矿物。这让研究太阳系化学的科学家吓了一大跳——彗星不是在40天文单位（AU）外形成的天体吗？这么冷的环境中，应以挥发性物质或低温物质为主，为什么反而在高温下才会形成的矿物？小行星和彗星分别在约3AU和40AU以外，何以某些彗星尘的矿物组成，跟陨石中的钙铝包裹体类似？若在这么大的空间范围内，找到组成相似的高温矿物，似乎代表在太阳系早期有大尺度的径向转移——从内太阳系到小行星带，甚至到外太阳系才可能办到。那这个径向转移的物理背景是什么？为什么可以把小颗粒从内太阳系高温处搬到3AU甚至更远的40AU以外？这些有趣的问题，都亟待进一步研究。

此外，科学家分析了彗星尘的氢、碳、氮与氧的同位素组成，在此介绍笔者认为最重要且和前段相呼应的结果：氧同位素。

氧是类地行星中最丰富的元素，有三个稳定同位素 ^{16}O、^{17}O 与 ^{18}O。类地行星（含小行星）彼此间的平均氧同位素成分有些微差异（0.1%~0.2%），所以氧同位素成分基本上可作为固体行星的指纹。若把规模放到只有几个毫米大小的陨石钙铝包裹体上，则会发现不同矿物亦有着不同的 ^{16}O 丰度，彼此间的差异可达 5%！星尘号数颗微尘在经初步分析后，某颗与陨石钙铝包裹体有着相似矿物组合的尘埃，居然亦有相同的氧同位素成分！这更让科学家相信，彗星中的某些小微尘，和陨石中的部分矿物颗粒相同。这和前面所写的相互呼应，太阳系早期必须存在大尺度的径向转移，从内太阳系到小行星带再到柯伊伯带外，才可能发生在彗星尘埃中观察到的巧合。

借陨石和彗星中微小的矿物与同位素成分，追溯45亿年前太阳系形成历史，犹如玩一幅上万片的拼图，每个研究相当于一块块碎片，距离了解整个大的图像，仍有相当长的路要走。

冥王星是怎么被干掉的?

□ 黄相辅

2006 年 8 月 24 日下午，捷克布拉格国际会议中心
（Prague Congress Centre）的大厅内，400 多位天文学家在此
聚集表决冥王星的命运，他们即将敲下的槌音，注定会回荡
在整个太阳系。

这是国际天文联合会（International Astronomical Union,
IAU）第二十六届会员大会议程的最后一天。大部分与会的
人员为了种种私人因素，在这场表决前就早退了，此次大会
的 2400 多位注册者最后仅有 424 人出席这场决议。在此表
决前的一星期内，决议草案已被大会负责的委员们争辩过

分类	定义	实例
行星	(a)绕太阳公转 (b)拥有足够质量维持本身重力场,使呈现静力 平衡下近乎球状 (c)足以将轨道周围物体清除	八大行星:水星、金星、地球、火星、木星、土星、天王星、海王星
矮行星	(a)绕太阳公转 (b)拥有足够质量维持本身重力场,使呈现静力 平衡下近乎球状 (c)并不足以将轨道周围物体清除 (d)不是卫星	目前共有五颗矮行星获IAU 认证:谷神星、冥王星、鸟神星、妊神星、阋神星
太阳系小天体	所有上述条件之外,并且不是卫星的天体	包括各类小行星、彗星、柯伊伯天体等

注:由此表可知,大小、质量,是否拥有卫星,都不是认可为行星的决定条件

无数次,最后端上台面的已是第三版的修正案,可见争议之激烈。

草案表决的结果是 237 票赞成,157 票反对,37 票弃权。依照所通过的行星新定义(表1),宣告冥王星正式被逐出太阳系行星的行列!消息传出,撼动的不只是天文学界,更包括惊愕好奇的普通大众。毕竟"九大行星"这个响亮的名词,自 1930 年冥王星被发现以来,已被人们朗朗上口地说了超过一甲子的岁月。然而这个决定转眼间已过了 5 年,冥王星依然在太阳系的边缘环绕,却已不再是人们口中的行星了。

冥王星的行星地位早就是科学界多年以来的争议。和其他邻近的气体巨人,如海王星、天王星相较,冥王星显得十

宇宙新探索

分格格不入，它非常迷人没有厚实的气态表面，而且绕日的轨迹还古怪得离经叛道。天文学家一直伤脑筋于该如何解释它特立独行的个性。长久以来，冥王星一直无法被确实地归属于太阳系行星的两大族群，即岩质的类地行星与气态的类木行星。这样悬而未决的争议角色，直到1990年代后，随着许多尺寸在直径数百千米以上的柯伊伯带天体（Kuiper Belt Objects, KBO）在海王星外的位置陆续被发现，人们开始体认到在此区域，冥王星并不像一般行星一样扮演独特的主宰角色。

尤其在2000年后，大型海王星外天体如创神星（Quaoar）、塞德娜（Sedna）的发现，使得冥王星的行星地位越来越显得岌岌可危，因为它们的大小逼近了冥王星，轨道也具有类似的怪异特质。霎时间，冥王星增加许多和它"气味相投"的邻居，海王星外的柯伊伯带区域变得热闹无比。

压垮冥王星地位的最后一颗海王星外天体，终于在2005年现身。美国加州理工学院天文学家布朗（Michael E. Brown）所领导的团队，利用帕洛玛天文台（Palomar Observatory）口径1.2米的望远镜拍摄巡天影像，在2005年1月发现了阋神星（Eris）。这项结果于同年7月29日公之于世，立刻成了一年后布拉格"行星大审"的导火线：因为阋神星不论是大小、质量都略胜冥王星一筹。这下子，天文学界龙头的国际天文联合会再也不能坐视争议的严重性了。

一年后，在一片争议声中，冥王星被拉下了盘踞多年的行星宝座，而被划归于新制定的"矮行星"（dwarf planet）分类。这场争论至今仍余波荡漾，不服判决而等着帮冥王星平反的人依然比比皆是。

"摧毁"冥王星的推手麦克尔·布朗，曾于2008年年底到台北市，并以"我是如何干掉冥王星，以及它为什么该死"（How I killed Pluto and why it had it coming）为主题作了演讲。本文即为该场讲座的整理及采访，由发现者亲自娓娓道来这历史性的一刻。

我刚找到颗行星！

在许多科学大发现的故事中，往往除了主角的努力加实力之外，运气也占了很重要的一部分。阋神星的发现就是一桩从资源回收桶捡回宝的最佳例子。

时间回到2005年1月5日。布朗正用电脑进行资料分析，所处理的资料并不是昨夜拍摄的最新影像，而是一年半前的旧资料。在最早分析这批影像时，电脑程式是设定影像中若有移动速率大于每小时1.5角秒的物体，才会启动"警报"提醒。角秒是天文上用以量度距离的角度单位。1角秒等于1度的1/3600，而月球的视直径约半度左右，由此可知这样的移动速率是多么缓慢。

当塞德娜于2004年被发现时，它的运动速率也不过每小时1.75角秒，可说就刚好落在门槛之上。这一次，布朗团队心血来潮，想用更低的筛选门槛将这批分析过的旧资料重新检视，看能不能从中找到漏网之鱼。

美国西海岸时间上午 11 时 20 分，电脑有不寻常的反应。布朗教授仔细查看这系列的影像，立刻明白挖到宝了，因为他们找到的东西又慢又亮（图 29）。

图29　布朗团队最初发现阋神星的影像,由帕洛玛天文台于 2003 年 10 月 21 日夜晚所拍摄。这三张照片彼此间隔一小时半,被标记的亮点即为阋神星。

我们知道，操场外圈跑道的运动员总是比最内圈的跑得吃力。同理，近地小行星（Near-Earth asteroids）投影在天空中的运动速率，绝对比更遥远的海王星外天体快许多，因此由视运动速率可以大略判断太阳系天体的远近。这位新朋友既然速度这么慢，距离肯定也是惊人的远，绝对是位在海王星之外。至于亮度，如此遥远的目标还有这么高的亮度（在目前已知的柯伊伯带天体中亮度排名第四），可见来头不小。

这颗新天体初发现时的暂订编号为 2003 UB$_{313}$，布朗团队给它的绰号"齐娜"（Xena）一度成为网络及媒体间流行的名字，直到 2006 年 9 月才由国际天文联合会拍板定案现行的正式名称。

发现了新天体的踪影后，下一步是进行后续观测来确认它的细节。布朗很快地联络了其他天文学者，利用欧洲毫米波电波天文研究所的 30 米电波望远镜、美国国家航空航天局的哈勃太空望远镜等设施进行观测。

一般大众可能会对哈勃望远镜拍摄的阋神星影像大失所望（图 30），因为照片中这个东西看起来实在毫不起眼，但读者需谨记，阋神星距我们实在太远了，因此你不能期待从地球拍到的照片会像艺术家的想象图一样美丽。

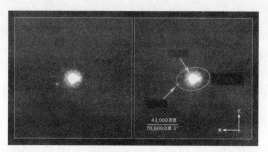

图 30　哈勃太空望远镜在 2006 年 8 月 30 日拍摄到的阋神星影像，可一并看到其身旁的小卫星。

利用这些大型望远镜观测，最主要是要测定新天体的大小。太阳系中除了太阳本身，其他天体都靠反射日光而得以"现身"。即使有两颗相同距离、亮度一样的物体，它们还是可能截然不同：也许其中一物尺寸大，虽然可反射日光的截面积大，但表面却很暗而使得反照率（albedo）低，另一物或许尺寸小，表面却可反射大量阳光，而显得较为明亮。凡此林林总总的特质，对我们了解太阳系中各天体的表面或大气组成，相当重要，因此天文学家亟欲确定这些物理参数。

据哈勃望远镜的测量，阋神星的大小约为直径 2400 千米，稍微比冥王星大 5%，这也使它跃居已知最大的海王星外天体让。借由确实的尺寸加上距离，天文学家也得以研判阋神星的反照率高于冥王星，表面是由较亮的物质所构成。2005 年 9 月，布朗团队利用夏威夷的凯克天文台（Keck Observatory）10 米望远镜，进行后续的观测，又发现了它拥有一颗小卫星"阋卫一"（Dysnomia）。这项发现让科学家得以计算阋神星的质量，大约比冥王星大 0.25 倍。

"世界不因此改变"

那么，布朗又是如何看待这项发现及布拉格行星大审呢？

布朗指出，一般大众普遍的误解是：2006 年在布拉格是针对冥王星的公审。事实上，与其说是针对冥王星，不如说是"对布朗的'行星'进行的表决"（Vote for Brown's planet）。因为阋神星超越冥王星成为柯伊伯带最大天体的事实，使得国际天文联合会在此议题上不能再继续暧昧，必须抉择：究竟该让它（或其他非行星的大型太阳系天体）升格为行星，或是明白规定它不是行星？

如果后者成立，那比阋神星在尺寸、质量皆小的冥王星，自然就难以继续保持行星的地位了。反之，若前者成立，则太阳系家族中的谷神星（Ceres，小行星带的最大天体）、夏隆（Charon，冥王星的大卫星，直径约为其一半）等天体也许会一并晋升为行星，如此一来太阳系将不只有"九大行星"，其数量可能攀升。

行星的定义原本充满了人为的色彩，尤其随着科技进步，近年来更不断受到一些在门槛边缘"游走"的天体挑战。也许宇宙本来就不是非黑即白，在其间充斥着无视人为分界的灰色地带。即使是最新通过的方案，新增了矮行星的分类，也难抛开所有的争议。布朗教授表示，假设将来在海王星外发现一颗被归类为矮行星的新天体，大小却比身为行星的水星还大的话——比行星还大的"矮"行星，难道不会掀起新的争议吗？因此，布朗说，与其去注意这种刀笔之争，不如去关心类地行星、类木行星等实质上有显著物理差异的分类将更有意义。

布朗也坦言，其实"世界不因此改变"，他们的"大发现"对太阳系本身毫无影响。他在演讲中也秀出一张标示太阳系内各天体实际比例的投影片。的确，多出来的那一"小点"阋神星，对巨大的木星、土星及地球而言，实在微不足道！

预约新疆域

从阋神星被发现、引发轩然大波，至今余波荡漾的历程，实为科学史上一个新鲜的故事。

阋神星现行的官方名字，来自希腊神话中引发争执与不和的女神厄里斯（Eris）。这位女神因未被受邀至奥林匹斯山上的宴会，挟怨丢了一颗引起争端的金苹果至会场，揭开了特洛伊战争的序幕。而迪丝诺美亚（Dysnomia）则是厄里斯象余"违法犯禁"的女儿。当初国际天文联合会要求布朗团队提出正式命名的方案，布朗教授也思考良久才决定此名。现在看来，它的确为天文学界带来了一场空前冲突，可谓"星"如其名。在中文世界里，则于 2007 年 6 月在扬州举行的天文学名词审定会议上，21 位代表决定采用意译"阋神星"为正式名称，以彰显其对科学界带来的冲击。

除了阋神星以外，海王星外的空间里还有许多大型的天体（图 31）。如轨道特别扁长、距太阳最远约 975 天文单位（即将近地球至太阳距离的一千倍）的塞德娜，名称源自因纽特人（Inuit，爱斯基摩人的一支）神话中的海洋女神，是目前太阳系中已知最遥远的冰封世界。

另外还有长得最古怪的哈乌美亚（Haumea），得名于夏威夷的妊女神。国际天文联合会甫于 2008 年 9 月通过哈乌美亚的正式名称，在此之前，文献上较通用的芳名是其暂订编号 2003EL61。哈乌美

图 31　目前已知的几颗大型海王星外天体示意图。最下方为地球，可以看出它们之间的比例。

亚的古怪，在于它长得像橄榄球般的椭圆外表，以及急速的自转。哈乌美亚只需四小时便自转一周。换句话说，在哈乌美亚上四小时就过完了一天。这么高速的自转及怪异的外表，可能肇因于远古前的一次大撞击，将哈乌美亚碎裂成数

块，而中央的核心便演变成我们今日看到的橄榄球。

将来我们会不会在海王星以外发现更多有趣的天体？答案绝对是肯定的。许多国际合作研究，都致力于搜寻更广阔深远的未知天空。布朗也提醒，目前国际上对于南天球的巡天观测还很少，不像北天球密集，因此是值得开发的新领域。

人物特写：麦克尔·布朗

当"时代杂志100位有影响人物"与《连线》杂志（Wired Magazine）网络票选十大最性感怪杰（geek），会是什么样的奇人异士？麦克尔·布朗看起来一点都不像如此三头六臂的人物。布朗在天文学界里算是相当年轻的青壮辈。1994年自加州大学伯克里分校取得天文学博士学位后，先后在亚利桑那大学（University of Arizona）及加州理工学院进行博士后研究，并于1997年起在加州理工学院担任教职。

虽然还不到45岁，布朗已有多项荣耀加身。2001年，他便获得美国天文学会（American Astronomical Society）的尤里奖（Urey Prize），此奖项专门颁发给在行星科学领域有杰出贡献的年轻天文学家。除了研究，教学方面布朗教授亦有很多建树。他于 2007 年获加州理工学院象征最高教学荣誉的费曼奖（Richard P. Feynman Prize）。当然，更别提 2006 年同时得到"100 位有影响人物"及"十大性感怪杰"，在天文学界可说是前无古人的头衔。

身为阋神星的发现者，布朗掀起天文学界至今仍未平息的争论，改写了人们对于太阳系的认知。至 2008 年 12 月为止，他和他的团队已发现了 14 颗海王星外天体，包括知名的夸瓦、塞德娜和阋神星。目前布朗除了搜寻新目标的巡天观测外，也致力于海王星外天体的光谱研究，期望能进一步了解这些遥远天体表面的物理、化学性质。

布朗说，他当初在大学时主修物理而非天文，是因为想"容易找到工作"，但后来研究则因兴趣一头栽入天文的世界。虽然他出身自物理系的背景，但现在在加州理工学院为了行星科学教学需要，也得亲自披挂上阵开设地质学入门的课程。他的研究生亦来自不同科系背景，包括物理、地球科学等领域。

从鹿林看鹿林彗星

□林宏钦

2009 年为"全球天文年"，是为了纪念四百年前即 1609 年伽利略首次使用望远镜进行天文观测。最佳的庆祝活动，莫过于撼动人心的特殊天象，而鹿林彗星恰好躬逢其盛。自 2007 年 7 月发现鹿林彗星以来，它从距离地球 8.5 亿千米之遥，逼近到如今的 6100 万千米，星等从十九等增亮到五等，从一个微暗幽冥的小光点，逐渐变成带着奇特彗尾的绿色彗星，亮度增加了 40 万倍，在天文年一开始就受到全球的注目，在媒体推波助澜下，仿佛一夜之间大家都知道了"鹿林"的存在！

命名的曲折

鹿林彗星是在 2007 年 7 月 11 日由鹿林巡天计划（Lulin Sky Survey, LUSS）的林启生（台湾鹿林天文所）与叶泉志（广州中山大学），共同使用鹿林天文台 41 厘米望远镜所发现的。国际惯例上，是以发现者的名字为彗星命名，但为何不叫"叶林"或"林叶"彗星，而命名为"鹿林"，其实是有着一番曲折！

2006 年 2 月，笔者请大陆"晴天钟"网站（天文用途之数值天气预测系统）的主人叶泉志，帮忙协助预测鹿林天文台的夜晚天气。叶答应帮忙外，提出了合作搜索小行星的可能性，刚好笔者也有相同想法，一拍即合，鹿林巡天计划于是问世。鹿林巡天计划自 2006 年 3 月以来，陆续发现数百颗小行星，其间虽然几度独立发现近地小行星和彗星，但终究迟了一步，不过是空欢喜一场。

图 32　鹿林彗星因含有大量氰（CN）及分子碳（C_2）气体，反射阳光颜色呈鲜绿。左方为尘埃尾，不规则状的离子尾则位在彗核的右方，朝向太阳的反方向。

2007 年 7 月 11 日，观测到两个轨道很特别的新天体（不属于小行星带），其中之一发现时，位于水瓶座，亮度仅十九等，轨道位在木星与土星之间，疑似一彗星，但由于当时尚看不出有彗星的特征"彗发"，所以与另一个天体皆以小行星汇报到国际小行星中心（Minor Planet Center, MPC）。后续的更多观测与验证工作，确立了此一发现，但仍然未能确认此天体是否应归类于彗星。

2007 年 7 月 14 日，美国天文学家詹姆斯·杨（James Young）用桌山天文台（Table Mountain Observatory）的 61 厘米望远镜观测这个目标时，发现了彗星特征，于是这颗小行星一跃成为彗星。因为最初我们发现时，是以小行星上报，事后却由他人证实为一颗彗星，国际天文联合会（IAU）遂以发现的天文台命名，称之为"鹿林"（Lu-lin）。按其身为非周期彗星，且为 2007 年 7 月上半

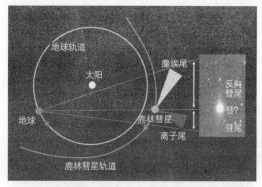

图 33　从地球看鹿林彗星，反向彗尾是伸展在彗星轨道上的尘埃尾；离子尾受到太阳风磁场的影响，朝太阳反方向。

发现的第三颗新彗星的缘故，将其编号为 C／2007 N3。鹿林彗星是一颗由海峡两岸合作发现的彗星，所以国际上都称呼它为"合作的彗星"（Comet of Cooperation）。

鹿林彗星的轨道与周期

彗星轨道可分为抛物线、椭圆及双曲线，只有具椭圆轨道的彗星才会绕太阳运行、周期性地出现。那么鹿林彗星是属于哪一种？自发现以来，随着观测次数的增加，鹿林彗星的轨道也一直在修正。

目前，推算鹿林彗星的轨道非常接近抛物线（离心率＝1.000188），所以计算起来周期极长，绕太阳公转一圈需数千万年之久！这一抛物线轨道特性，显示它是来自太阳系外围、奥尔特云区的彗星，并且很可能是第一次绕行到太阳系内部。因为目前能观察到的只有其极长轨道中接近太阳的小部分，当它远离内太阳系时，还会受很多其他的天体引力影响，所以无法确切知道回归周期。

在最新修订的彗星命名规则里，周期性彗星的定义为周期小于二百年，或有不止一次通过近日点确认的彗星，而像鹿林彗星这种周期远超过二百年，下次通过近日点时人类未必还存在，所以归类为非周期彗星（前面加"C／"）。因轨道非常接近抛物线，预测这是鹿林彗星第一次也是最后一次造访太阳系和地球！

反向彗尾

鹿林彗星发现时只是个小光点，后来才慢慢呈现出短短的彗发，形成椭球状。随着接近太阳而逐渐变大变亮，尾巴也慢慢长了出来。但和一般拖着长长尾巴飞掠夜空的彗星不同，鹿林彗星的两条彗尾像是翅膀一样分布在彗核两侧，形成罕见的反向彗尾景观，而且持续了很长的时间。

由于鹿林彗星运行的轨道几乎和黄道面一致（夹角只差1.6度），所以两条尾巴都在黄道面上。尘埃尾拖曳在彗星行进方向的后方；另一条被太阳风所吹出的离子尾，则指向太阳的反方向。两条彗尾出现在两个完全相反的两个方向，所以就会看到最初出现的彗发，和一左一右两条张开的手臂（也就是彗尾与反向彗尾）。

除了少见的反向彗尾，鹿林彗星的离子尾有明显缠绕的结构，甚至出现断尾现象，这是因为由带电粒子形成的离子尾，受太阳风磁场拉扯、变化，让彗星的物质大量散布到太空中，加上从地球看彗星的视角一直变动，鹿林彗星的彗尾总是变化多端、千姿百态。

图 34　鹿林彗星最接近地球时所拍摄。这张在鹿林天文台拍摄的影像，涵盖了大约 2.5 度的天区。鹿林彗星宛若一支疾速升空中的火箭，反向彗尾（尘埃尾）朝向左上方；右下方是朝太阳反方向的离子尾，呈现复杂的分叉开花现象。

结语

古代彗星是不祥的象征，现代各国都在竞相寻找彗星。国际上彗星以发现者命名，然而能够发现者可说是万中无一。台湾发现了鹿林彗星，这也算天大的喜事，下面就说说鹿林。

鹿林，一个传说中群鹿如林的地方，如今鹿群不见了，小小的山头上矗立着许多望远镜，这里是鹿林天文台的所在地。全世界的天文台几乎都有道路，鹿林天文台是世上少数没有路的天文台，车子到不了，任谁都得边走边爬上来，建设之困难可想而知。就是在这个没有鹿也没有路的天文台，发现了鹿林彗星。

寻找彗星是跟全世界在竞赛，平均每一万个新发现的移动天体（小行星）里只有一颗是彗星，几率只有万分之一。

图 35　鹿林天文台位于海拔 2862 米，山头矗立着许多大大小小的天文台。左后方八角圆顶建筑为 1 米望远镜天文台北；左前方为鹿林 2 米望远镜天文台的 3D 电脑绘图，是东亚最大的望远镜之一。

同样的，寻找彗星也是跟时间在赛跑，唯有坚持到底方能有所获。望远镜能够看到的天空只有月亮般的大小，用这月亮大小的视场逐一扫描整个天空，称为巡天，巡天就是要从这无数的星星中找出特殊的天体，这是一种大海捞针的工作。跟世界上几个大型巡天计划相比，鹿林巡天只是千百分之一，想要以小搏大，就必须策略正确，并持之以恒。

鹿林天文台正是这种策略下的产物，第一个十年，从无到有，完成了基础建设；第二个十年，从 1 米到 2 米，布局全球。即将在 2011 年完成的鹿林 2 米望远镜，将晋身望远镜之国际水准，加上与夏威夷大学的策略性合作共同推动的下一世代巡天—泛星计划（Pan-SATRRS），大家期望未来的天文研究将有另一番新天地。

五彩绚丽的极光

□吕凌霄

　　50 多年前，大约是第二次世界大战结束后的十年，百废待举，也是一个充满希望的年代。在第二次世界大战时期，人们已经知道，地表上空约 100 千米处，有一层良导体可以反射某些波长的电磁波。科学家把天上这层良导体称作电离层（ionosphere）。我们的大地也是一个良导体，因此电源接地可以获得稳定的零电位参考值。第二次世界大战的期间，人们就是利用特定波长的电磁波（短波、微波），可以在电离层与大地之间来回反射，以进行越洋通讯。

　　是什么样的成分使电离层成为良导体呢？原来，这个区域的大气浓度很低，所以当它吸收了来自太阳的紫外光与 X 光，并进行光化游离（photoionization）后，不会马上发生碰撞而重新结合成中性的气体。所以，只要光化游离的速率大于等于重新结合的速率，就可以维持一定的游离度。这些游离的气体，又叫做电浆（plasma），是一种良好的导体，只要加一点电场，就可以产生很大的电流。电离层白天被太阳光照射，气体游离率很高，因此涵盖的天空范围很广，电离层的范围可以降低到地表上空七八十千米。到了晚上，因为缺乏阳光的照射，就必须仰赖超低的重新结合率，才能维持一定的游离度。因此电离层的高度，就退缩到约 100 千米的高空。我们要谈的极光，就是发生在这一百千米到数百千米高空的发光现象。

以概念而言，极光大致可分为两类：一种是在水平方向，弥漫一片的扩散极光（diffuse aurora）；另一种是垂直方向，一片片像帘幕似的、挂在高空的分立极光弧（discrete

图 36　地面上所见的分立极光弧如幕帘般挂在高纬区的夜空中。图中构成幕帘的直线光束与地球磁场线方向一致。

aurora）。由于绚丽的极光（图 36）通常指的是分立极光弧。

极光不是一种云

　　从古至今不少人都天真地以为，极光是天上的一种彩云。其实早在一百多年前，科学家就已经能借着三角测量法，测量到极光弧底部的高度，距离地面约有 100 千米，宽度由 1 千米到 10 千米不等。也许，1 千米听起来很宽，可是将 1 千米宽的结构放到视线 100 千米之外，张角才不到一度，所以 1 千米宽的极光，从地面上看起来几乎就像纸一般薄！对于如此薄的结构，三角测量的误差自然很大。在过去十多年来，科学家透过火箭实地观测结果，已经发现一些非常薄的极光弧，其厚度大约只有 100 米左右。由于极光弧底部的高度有 100 千米，因此可以确定它们不是云彩。因为一般的云，最高约 10~15 千米，也就是在对流层顶的高度。

　　不过，极区确实存在一种异常的高空云，叫做夜光云（noctilucent cloud）。夜光云距地面的高度可达 90 千米，因此可以反射远方（相对于地面观测者为地平线下方）的阳光，而呈现出夜光云的现象。至于，为何水气可以跑到这么高的高空？五十年前的科学家并不太清楚答案是什么。不过现在的科学家，透过各种雷达的观测，逐渐了解组成夜光云的水汽，并不是来自地表，而是来自外太空流星所含的水汽。这些水气在流星燃烧时被释放出来，最初也是呈现高温的游离态。当它们沿着地球磁场线，沉降到高纬地区较低的高度时，会凝结成冰晶体，变成夜光云。这也就是为什么，夜光云多发生在高纬度地区的上空。

除了高度的问题外，另外还有至少三个原因，让研究极光的科学家肯定极光不是云彩，也不是反射太阳光的冰晶结构。原因之一，极光弧有时活动速度很快，我们很难找出一个合理的物理机制，能解释为什么在这个高度的中性物质，可以进行如此快速的移动。原因之二，因为科学家在极光下方的地表，测量到剧烈的地磁扰动现象，因此科学家相信，极光是一种与电流有关的物理现象。因为除了磁铁之外，电流也是物理上一种能产生磁场的来源。原因之三，是因为反射与折射太阳光的光谱，应该是连续光谱，可是极光的光谱却不是，因此更能确定极光不是云彩。

如果说，极光不是云，那么极光究竟是什么样的物理现象呢？

哈雷慧眼识极光

将近三百年前，也就是在太阳黑子的蒙德极小区极小期（Maunder minimum，约 1645~1700 年）结束后不久，在 1716 年的一次强烈太阳活动中，引发了大范围且剧烈的极光。当时著名的英国天文物理学家埃德蒙·哈雷（Edmond Halley）（1656 — 1742），也就是发现彗星周期运动的著名科学家哈雷，以六十岁的年纪初次目睹了漂亮的极光秀。由于哈雷也是当时少数几位研究地球磁场的专家，他也就成为历史上首次发现"极光帘幕是沿着地球磁场线的方向下垂排列"的科学家。相较之下，当时另一位法国学者因为缺乏对地球磁场的知识，因此认为极光是那些造成黄道光的物质，被地球重力吸引而下坠燃烧，所造成的发光现象。可见要了解一种物理现象，背景知识是非常重要的。

哈雷之后，随着科学界对电与磁的认识越来越丰富，美国物理学家富兰克林（Benjamin Franklin, 1706 — 1790）与挪威物理学家克里斯蒂安伯克兰（Kristian Birkeland, 1867 — 1917）等人都提出许多理论，认为极光与电或放电现象有关。伯克兰在挪威北部建立了地磁观测网，他曾多次前往搜集资料，观测极光下方的地球磁场扰动情形，并证实强烈极光处的电流会沿着磁场线向上流动。他也发现沿着极光弧水平方向流动的电流强度估计可达 100 万安培。伯克兰对极光地区地磁扰动的辛苦观测结果，对日后极光的研究，造成深远的影响。为了纪念他的贡献，太空科学界就把沿着磁场线方向流动的电流，称为伯克兰电流。

震惊科学界的放电实验

19 世纪末到 20 世纪初，近代物理学蓬勃发展。阴极射线实验与汤姆森的实验所发现的电子，为伯克兰提供了灵感，后者在 1907 年成功地设计出一个令当时的科学界大为震惊的放电实验——伯克兰将一个具有磁性的球体，放入一个低气体密度的真空腔中，进行阴极射线放电实验。也就是外加一个强电压，让电子由阴极打向阳极，并撞击低密度的气体，使之发光。伯克兰的实验，能在磁极四周制造出一个近似圆圈状的发光区，成功地解释极光带（auroral zone）的分布情形。什么是极光带呢？原来极光带是 19 世纪中叶，科学家经过几次极区探险的活动后，发现极光出现的频率并不会随着纬度增加而增高。统计结果显示，极光出现频率最高的区域，大致是一个以南北地磁极为中心，距离磁极约 20～27 度的圆圈型带状区域——这就是所谓的极光带。

夜侧极光验明正身

伯克兰的极光实验所呈现的圆圈状放电区，曾造成科学界对极光空间分布的长期误解，直到五十多年后，才由赤祖父俊一（Akasofu）博士靠着许多次飞机巡回，配合地面观测网，在晴朗无云的夜晚持续观测后，终于证实绚丽的极光主要分布在夜半球，至于日侧极光的强度则相对较弱。二十多年后，人造卫星的观测也证实了赤祖父俊——博士当年的观测结果是正确的（图 37）。人造卫星甚至观测到一种连接日夜半球的跨极极光弧（图 38），以及出现在下午区域的亮点极光（图 39）。这些极光现象，都不是简单的放电实验所能复制出来的。

由于极光出现的范围，每天不同，甚至一天变化数次，科学家称这个不太对称，有时一天数变的极光环状区域为极光椭圆圈（auroral oval）（图 37）。通常极光椭圆圈的大小，

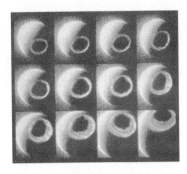

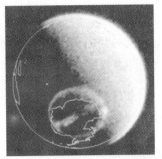

图 37　磁层副暴发生时,动力探测机
1 人造卫星利用紫外光,拍摄大尺
度极光结构变化情形。图中左侧弧
状光亮区,是白天太阳光照射电离
层所造成的紫外光散
射结果。然而此卫星影像的解析
度,尚不足以辨识分立极光弧等精
细结构。

图 38　动力探测机 1 人造卫星利用紫外光
所摄得连接日夜半球的跨极光弧 (theta
aur-ora)。这种跨极光弧结构,多发生在
行星际磁场有北向的分量时。一般相信,
这种跨极光弧是由于行星际磁场与地球
磁场,在极区发生磁场线重联所造成的现
象。图中右侧半圆形的亮区,是白天太阳
光照射电离层,所造成的紫外光散射结果。

可以反应地球磁层扰动程度的大小。通常地球磁层发生剧烈
扰动时,极光椭圆圈的范围也会随之扩大。因此即使位于极
光带外围的中低磁纬地区,也有机会看到绚丽的极光活动。

极光的电子束来源

科学家很早就已经注
意到一些太阳闪焰（solar
flare）发生后,地球上会出
现绚丽的极光活动。因此
曾经有此一说,造成极光
的电子束是沿着连接太阳
黑子与地球的磁场线,一

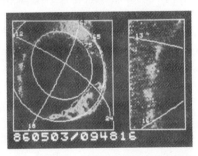

图 39　维京号人造卫星上利用紫外光所摄
得亮点极光 (bright spots aurora) 结构。这
些亮点极光的形成,与高速太阳风吹过地
球磁层,在磁层顶内部之边界层所造成的
涡流有关。这些亮点发生地点,多位于中
午到下午的极区电离层,但有时也能在中
午前的方位出现。

路到达地球表面，打出极光。这种说法显然太天真了。因为电子彼此之间有静电斥力，要让来自太阳表面高浓度的电子束，在到达地球时仍然维持一个浓度很高的电子束形态，是件不可能的事。伯克兰的实验虽然精彩，但是无法说明自然界是如何产生像阴极射线管这样强的电压，也无法说明造成极光电子束的来源。

伯克兰的修正理论

为了要解决电子束静电斥力的问题，伯克兰于去世前一年提出了一个新理论：若一群电子，与带正电的质子或其他正离子一起由太阳出发，这样就可以顺利到达地球了。这种电子与带正电的质子或其他正离子共存的介质，就是现在我们所熟知的电浆（plasma）。电浆是物质的第四态，整个太阳与所有的恒星都是由电浆所组成的。由太阳表面所散逸出来的电浆物质，越是远离太阳，重力场强度跟着减弱，由内向外的热压梯度，可使这些向外膨胀的电浆逐渐加速，再加上一些波动的帮助，可造成一个流速甚快的电浆流，平均速度范围约是每秒 200~800 千米。因此科学家称它为太阳风（solar wind，在英文里 wind 表示强风，breathing 表示微风，因此在太空时代之前，曾有 solar wind 与 solar breathing 之争）。事实上，所有恒星都会向外吹出恒星风，银河星系也会由中心向外吹出星系风。

日侧磁层顶电流形成

太阳风与地球磁层的接触面，科学家称它为磁层顶。伯克兰提出修正理论后三年，一位寄居英国的德籍犹太科学家也于1919年，提出相似的理论，并因此启发了查普曼（Synedy Chapman, 1888 — 1970）博士对太阳风与磁层交互作用的研究。查普曼博士与他的研究生费拉罗（Ferraro），根据太阳风压与地球磁场的磁压平衡点，精确地估算出日侧磁层顶的位置，同时成功解释日侧磁层顶上电流的形成过程。为了纪念他们的成就，科学家今日称日侧磁层顶上的电流为查普曼费—拉罗电流。

夜侧磁层顶跨磁尾电场

至于夜侧磁层顶上，也有电流。太阳风吹拂夜侧磁层顶，还可造成一个稳定的跨磁尾电场。这个晨昏方向的跨磁尾电场，可以把夜侧磁层中来自电离层的电浆，都赶到靠近磁赤道面，但是平行于日地连线的平面区域，也可把部分太阳风的电浆，由磁尾磁层顶开口处抽进来，因此形成了一条又长又扁的电浆片。电浆片上的电流与夜侧磁层顶上的电流，两者合起来所形成的电流回路，很像两个电感线圈，可以改变地球磁层的对称性，在背阳的磁层一侧，形成一条直径约五六十个地球半径、长约数百个地球半径的磁尾（图40）。

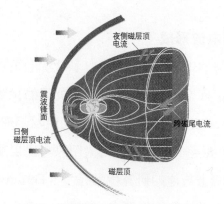

图40　地球磁层与磁层顶的电流示意图。

太阳风与磁层顶的互动

科学家现在已经知道，由于有磁层顶的保护，太阳风中的电浆流，只能由磁层顶上的少数两三个开口区或是涡流区进入地球磁层。只有在某些特殊的情况下，磁层顶上的开口区会增加，因此太阳风就可以由这些区域进入地球大气，再沿磁场线到达高纬电离层上空，并被该处的电场加速，造成前述的日侧极光、跨极极光弧、与亮点极光等现象（图38、39）。另一方面，电浆片也是储存电浆的好地方。当来自太

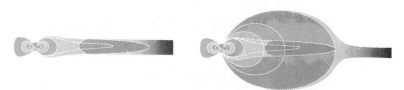

图41　电浆片中的电浆，可造成绚丽的夜侧极光。(A)当来自太阳的扰动，造成地球磁层扰动时，可提供额外的跨磁尾电场，因此加强了电浆片中电浆的储存量。(B)当磁层中的扰动大到足以破坏电浆片结构的稳定态时，储存在电浆片中的电浆就会灌进电离层，造成绚丽的极光。

阳的扰动，造成地球磁层扰动时，可提供额外的跨磁尾电场，因此加强了电浆片中电浆的储存量。当磁层中的扰动大到足以破坏电浆片结构的稳定态时，储存在电浆片中的电浆就会一股脑灌进电离层（图41），造成夜侧绚丽的极光。

太空时代的极光研究

五十年前，查普曼教授与约翰·范·艾伦（James Van Allen, 1914 — 2006）教授等人所提出的国际地球物理年（JGY）国际合作研究计划，获得不少划时代的成就。西元1957年秋天，人类史上第一枚人造卫星——前苏联的斯普特尼克一号（Sputnik 1）成功地发射升空，人类正式进入太空时代。次年，美国第一枚人造卫星探险家一号（Explorer 1）也顺利升空，上面搭载着约翰·范·艾伦博士坚持放上去的盖格计数器，因此得到了史普特尼克一号没获得的科学成果，幸运地发现了内、外约翰·范·艾伦辐射带。其中，外约翰·范·艾伦辐射带中的高能电子，日后被证明正是造成扩散极光的主要电子来源。

约翰·范·艾亿辐射带所放出的 X 射线，与极光活动中所放出的紫外光与 X 射线，在传向地面时都会被大气所吸收，所以地面观测不易，但在太空中观测是很合适的。只是早期的光电技术还不够成熟，因此，虽然人类在1969年就有能力登上月球，但是有能力直接由人造卫星上，利用紫外光来观测极光，或是利用微波观测云层的分布，却是1980

年以后的事了。

1981 年，美国爱荷华大学路易斯·A. 福兰克教授所带领的研究团队，在动力探测机 1（DE 1）人造卫星上，放置了数个紫外光与可见光波段的光谱仪，首次获得可以涵盖完整极光椭圆圈的极光紫外光影像（图 37 至图 39）。为什么不用可见光拍摄这些极光呢？据说是因为地表可见光的光害太严重了。自 DE1 人造卫星后，还有 Viking、FAST、POLOR 与 IMAGER 等人造卫星，也都是利用紫外光影像观测极光大尺度的分布。值得注意的是，这些人造卫星的影像解析度都很低，因此无法解析一条条薄薄的极光弧结构。最近我们的福卫二号，在观测红色精灵高空闪电与中低纬度气辉现象的同时，也经由其中的红光与绿光光谱仪，看到不少的极光事件。由福卫二号所拍摄到的极光，与过去由太空梭上所拍摄到的极光（图 42），外观上看起来非常类似！

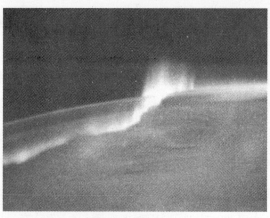

图 42　太空梭上所拍摄到的极光上部照片。

事实上，除了极光影像的记录外，DE1 还配合后来的 DE2 人造卫星，一高一低同时观测沿着磁场方向、电子能量与电场的分布情形。这两个人造卫星的观测结果显示，打出极光的电子，主要的加速区局限于极区高空约两三千千米到低空数百千米之间。同时，这两个人造卫星的电场观测结果，也间接显示这个区域可能存在沿着磁场方向，还算稳定的电位差。这些电位差所对应的电场，有些向上、有些向下，它们可以加速来自太阳风或磁尾电浆片中的电子与正离子，使它们加速打入低空大气，造成极光。

极光研究的近况

要产生绚丽的极光，首先要有高浓度的电浆来源，还要有沿磁场方向的电位差。目前已知极光电浆的来源，包括了太阳风以及储存在地球磁尾电浆片中的热电浆。但是，目前太空科学界对沿磁场方向电位差的成因，以及导致磁尾电浆片崩溃的过程，还是存在着许多不同的理论与看法。此外，科学家对于决定极光弧厚度、多重极光弧的空间分布与极光弧飞舞过程等现象的物理机制，也还没完全达到共识。

就像中医问诊，可以借着把脉，诊断出部分病情。同样，地球磁层中的磁场线，多集中在高纬地区，因此极光的活动，往往也反映了浩瀚磁层中所发生的活动。科学家透过对极光的好奇，所发展出来的各种理论与观测方法，不断提升科学家对太空物理与日地物理这些研究领域的了解。因此，极光除了是一个令人炫目的自然景象，也是驱使太空科学与太空科技不断进步的原动力。

　　绚丽飞舞的极光，与舞龙非常相似。中国古代有龙的传说，可能就是古人看到极光后，想象出来的天上动物。二十年前，因为地球磁极位在北半球偏加拿大一侧，所以科学家并不认为中国的黄河流域有机会看到极光活动。但最近二十年来，地球磁极快速移向北极地区（图43），眼看就要转到

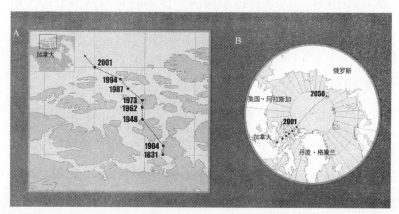

图43　(A)过去170多年来，地球磁极位置改变情形，显示地球磁轴晃动的特性。根据大西洋海底山脉中磁化物质的磁极排列情形，可知地球磁轴每隔五十万到数百万年，会反转一次。(B)在两次反转之间，可能会呈现不同幅度与不同周期的晃动现象。

西伯利亚这一侧。由此可见，地球磁轴应该会像单摆那样摆动，或像陀螺那样在东西半球之间晃动着。由此推想，古代中国人看到极光的几率可说非常高，因此才可能设计出像是舞龙和彩带舞这种与极光动态相似的传统舞蹈。只可惜我们没有机会看到漂亮的极光活动。希望地球生态可以长长久久，

这样我们的子孙才有机会再次目睹祖先所看过的迷人极光！

而极光的电能，如果能透过地面上的超导电缆引导下来，作为天然能源，或许可以解决部分能源问题，也可化解部分温室效应所造成的生态危机！然而这个利用极光发电的梦想，还需要靠科学家研发超导材质与更好的储存电能的方法，才可能实现。

极光光谱与发光原理

极光是如何发光的呢？其实与霓虹灯的发光原理非常相似。日常生活中的霓虹灯与日光灯管内的气体，在熄灯时是低密度的气态，开灯时就被从阴极打向阳极的电子游离而呈现电浆态。

说到霓虹灯，就不能不介绍极光的早期研究史上，另一批具有伟大贡献的科学家。19世纪瑞典著名的科学家埃斯特朗（Anders Jonas Aangstroem, 1814—1874），首先用三棱镜分析了极光的光谱（我们现在称0.1纳米为1 Å，就是以他为名）。埃斯特朗发现极光的光谱中，只出现某些特定波长的发射光谱，而不是太阳光那样的连续光谱。科学家知道，发射光谱是粒子由激发态的高能阶，跃迁到较低能阶时所放出来的光。就像人的指纹那样，每一种物质，都有它特有的一组发射光谱。霓虹灯所呈现的红光，就是灯管内所灌的低密度氖气的发射光谱。不过科学家经过数十年的研究，仍无法找出埃斯特朗所观测到的那些极光谱线，究竟是哪些化学物质的发射光谱。

后来科学家才明白，因为当时实验室所制造的真空环境不够真空，所以无法看到那些由生命期较长的亚稳定态造成的自发性跃迁过程所产生的光谱。又经过许多年，才由挪威物理学家拉尔斯·维加德（1880—1963）首先分析出生命期比较短的游离态氮分子光谱，包括蓝色光谱（427.8nm）与紫外线光谱（391.4nm）。其后，科学家又找到生命期约 0.7~0.8 秒的黄绿色氧原子光谱（557.7nm），生命期约 110 秒的红色氧原子光谱（630nm／636.4nm）及更短的紫外线光谱（297.2nm）。因为这些亚稳定态的生命期较长，所以这些极光只能在比较稀薄的大气中，才得以不被中性气体碰撞而发生自发性的跃迁，而能在同一时间放出这些漂亮的光线。

观测的结果显示，氧原子所放出的黄绿色极光（557.7nm）主要出现在 100 千米以上的高空，而 250 千米以上的高空则以氧原子所放出的红色极光（630nm～636.4nm）为主。要造成这样的极光，电子能量不需要很高（约 1keV 以下）。当打下来的电子能量高过 10keV 时，可以在 100 千米以下造成非常活跃的极光。包括了撞击氮分子所放出的蓝光（427.8nm）与红光，以及撞击氧分子所放出的绿光与红光。这些高能的电子向下打入大气时，多余的能量除了可以持续撞击路上遇到的大气原子或分子，也可以把一部分能量转给其他被游离出来的电子。这些被游离出来的电子也会沿着磁场线上下运动，继续打出更多极光。只是向下大气密度高，所以不久就走不动了。这就是为什么剧烈活动的极光下缘特别明亮，而向上则沿着磁场线，一根根，都染色上光了！

除了高能电子外，由高空沉降的质子，也可以借着与氢原子交换电荷，造成红色质子极光（656.3nm）与蓝色质子极光（486.1nm）。通常质子极光的光度比电子极光黯淡，且空间分布比较模糊。质子极光与电子极光可以同时发生，但是空间中的分布略微错开。因为电子是被向上的电场加速打入大气，而质子则被向下的电场所加速而打入大气。向上与向下的电场通常呈现波动形式，呈现交错分布的状况。

总之，决定极光颜色的因素很多，大气的成分、密度、打出极光的电子与质子的能量，都可能影响极光的颜色与出现的高度。

微弱的宇宙辐射化石

□吴建宏

目前认为宇宙是在大约 140 亿年前的一场大爆炸中形成的，2006 年的诺贝尔物理奖得主，用先进的仪器侦测，提出了支持大爆炸理论的证据。

当美国国家航空航天局（NASA）的宇宙背景探测卫星（COBE）探测到宇宙微波背景辐射的异向性时，宇宙学家雀跃万分，更将此项发现喻为"看见上帝之手"。宇宙背景探测卫星的两位科学家马瑟（J. Mather）与斯穆特（G. Smoot）因研究成果强化了宇宙演化的大爆炸理论、有助于科学家深入了解宇宙结构与星系起源，共同获得 2006 年的

图44　2006年诺贝尔物理奖得主为任职于美国劳伦斯·伯克莱国家实验室的斯穆特(左),及美国国家航空航天局的马瑟(右)。

诺贝尔物理奖。

宇宙膨胀学说——大爆炸模型

　　1910年代,宇宙学理论家应用爱因斯坦方程来探讨宇宙的动力学,推算出一个不断在膨胀的宇宙。可是当时的天文观测技术落后,没有足够的数据验证这个学说。到了1920年代,天文学家哈勃(E. Hubble)陆续发现遥远的星系有红移现象,即表示星系正以很高的速度远离我们,显示星系间的距离随时间增加,引证了宇宙膨胀学说,后来被称为宇宙的"大爆炸模型"(Hot Big-Bang Model)。此后,宇宙学便从纯粹理论性的阶段推前至一门实质的科学。

　　近四十年以来,大型的天文望远镜如雨后春笋般出现,尤其是20世纪90年代升空的哈勃太空望远镜(Hubble Space

Telescope），更能窥探宇宙深远的星系。现在宇宙学家大致上有了一个宇宙演化的图像，他们认为构成宇宙的物质有两

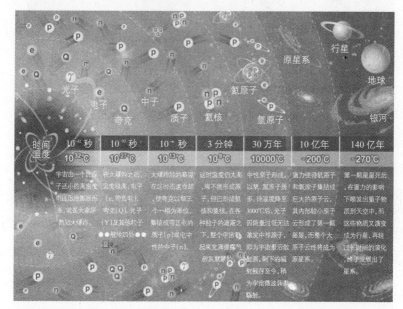

宇宙的起源一直是人们热衷探讨的话题，许多学者也提出了不同的假说，其中，大爆炸模型虽然还没有被证实，但是目前最为大家所认同的一种说话，以上简单呈现大爆炸模型中宇宙形成的过程。

图45 演绎宇宙大爆炸模型

种：重子物质和非重子物质。重子物质是一般我们所熟悉的物质，大部分是氢和氦，即组成地球、太阳和星系等的物质。非重子物质是所谓的"暗物质"（dark matter），它比重子物质多好多倍。暗物质的压力很小，不会发亮光，相互作用非常微弱，只可以重力塌陷，对大尺度结构及星系的形成具有决定性的作用。宇宙初期是一小团密度极高且极为炙热

的电浆，由处于热平衡状态的基本粒子所组成（如构成质子、中子的夸克和电子等）。宇宙的体积不断地膨胀，温度便相继降低。

当宇宙的温度下降约 10℃时，夸克会结合成为质子和中子，此外还有剩余的电子和热辐射。当温度再下降约10℃时，质子和中子便产生核反应，制造出氢和氦等较轻的原子核。温度到了约 3000℃时，氢和氦等原子核与周遭的电子结合成氢气和氦气等。之后，经过一百四十亿年的膨胀及冷却后，今天宇宙的温度大约是绝对温度 3 度（3K），相当于 — 270℃！在宇宙膨胀、冷却过程中，暗物质密度较高的部分受到内在重力的吸引，渐渐聚合，最后经过重力塌陷，形成暗晕。之后，暗晕成为重力中心，吸引其他气体，形成星系雏形，最后演变成星系和星系团。

微弱的辐射化石

我们采用微波天线来探测大爆炸遗留下来的 3K 热辐射背景，3K 热辐射主要的组成是微波，称为"宇宙微波背景辐射"。1963 年，美国贝尔实验室的彭齐亚斯（A. Penzias）和威尔逊（R. Wilson）利用微波天线接收机，无意中发现了宇宙大爆炸后遗留下来的宇宙微波背景辐射，为大爆炸模型提供了最重要的证据，他们两人因此共同获得 1978 年诺贝尔物理奖。

宇宙微波背景辐射不仅是大爆炸遗留下来的热辐射，更重要的是，它隐藏着一百四十亿年前宇宙的真貌、大尺度结构和星系形成的起源之重要讯息。大爆炸后约三十八万年的时候，宇宙的温度大约降到 3000℃，电浆中的正电离子渐渐与周遭的电子结合成中性原子，整个宇宙顿然变成中性。同时，热辐射的温度降到 3000℃，辐射中的光子多数是红外线，因为所带的能量太低，再也不能激发周围的中性原子，这个时期我们称之为"宇宙最后散射面"。此后热辐射便慢慢地不再与宇宙中的物质有相互作用，独自成为宇宙背景辐射，同时整个宇宙也变成透明。

由于在最后散射面之前的宇宙是处于热平衡状态，其中热辐射的光谱是一个黑体辐射的分布，所以，最后散射面之后，宇宙背景辐射的光谱仍是一个黑体辐射。经过一百四十亿年的宇宙膨胀，宇宙背景辐射除了冷却成为微波辐射外，本质不曾改变，所以从现在探测到的宇宙微波背景辐射，就可让我们直接观察一百四十亿年前宇宙的模样，从而窥探宇宙诞生约三十八万年后的初期状况。

先进仪器的观测

1989 年时，美国国家航空航天局位于马里兰州的戈达德太空飞行中心发射宇宙背景探测卫星（COBE），卫星上承载了三个高灵敏度的仪器，包括"散状背景扩散实验装置"（DIRBE）、"微差微波射电仪"（DMR）和"远红外线绝对光谱仪"（FIRAS）。DIRBE 负责寻找宇宙红外线背景辐射，DMR 是描绘全天宇宙微波背景辐射，FIRAS 则测量宇宙微波背景辐射的光谱，同时与黑体辐射作比对。

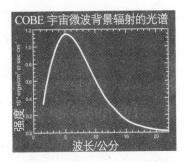

图 46　FIRAS 精确的测量宇宙微波背景辐射，所得测的光谱（图中曲线）完全与 2.725K 黑体辐射的光谱相同。

FIRAS 首次测量宇宙微波背景辐射的温度，大约是 2.725K，并证明宇宙微波背景辐射的光谱的确与黑体辐射的光谱吻合，与大爆炸理论的预期非常一致（图 46）。1992 年初，DMR 量测到宇宙在不同方向的微波辐射温度有非常细微的差异，称为异向性（anisotropy）。DMR 则把天空分割成好几千个像素（pixel），

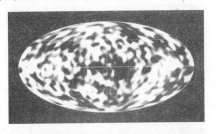

图 47　这幅是根据 COBE 侦测到的数据建构出来的全天图，显示初期宇宙辐射出的宇宙微波背景有着微小的温度变异（浅色区域的温度略高），且宇宙辐射并不均匀，间接证实了大爆炸学说。

然后分别测量每个像素的温度，发现仅有几十万分之一度差异（图 47）。DMR 的研究成果给予大爆炸理论又一强力的支持，使我们能对宇宙诞生约三十八万年后的初期阶段进行观测，有助于了解星系形成的过程。

大爆炸理论得到支持

现年六十岁的马瑟服务于美国国家航空航天局的戈达德

太空飞行中心，六十一岁的斯穆特（图 48）则任职于加州大学伯克利分校的劳伦斯伯克莱国家实验室。当年，马瑟负责 COBE 整体计划的协调，而专精天文物理学的斯穆特则是 DMR 计划主持人。

图 48　斯穆特在加州大学伯克利分校授课的情形。

　　瑞典皇家科学院表示，马瑟与斯穆特借由确证大爆炸理论的预测，并佐以直接的量化证据，将初期宇宙的研究从理论探究转型为直接观察与测量，也有助于证明星系形成的过程。科学院的颂词说："两位得奖者从 COBE 的大量观测数据，进行非常详尽的分析，在现代宇宙学演进成精确科学的发展上，扮演了重大角色"。诺贝尔物理学奖评审委员会主席卡尔森表示，马瑟与斯穆特两人并未证实大爆炸理论，但提出非常强烈的支持证据，可谓是本世纪最伟大的发现之一，并让我们对自己生存所在地更加了解。

　　广义相对论最重要的预测之一是"重力红移"（gravitational redshift），它把重力场与能量两者关联在一起。当我们爬上楼梯的时候，会觉得很费力气，是因为我们身体不停地背着地球的重力场做功，增加我们的位能。换句话说，要增加重力位能，我们得要消耗体力。同样的道理，若向天顶发射一束白光，越往前进的光子的能量会渐渐减少，所以光子跑得越高，辐射频率降得越低，结果发现光束的颜色些微偏向红色，此现象称为"重力红移"。白矮星重力场的重力红移效应早在广义相对论提出后不久就被观测到了，此后科学家便相继在太阳及地球的重力场测量到重力红移效应。

当宇宙热辐射从最后散射面出发，穿越星系间的大尺度结构来到现在的地球时，宇宙物质分布不均的现象便会透过重力红移效应显示在宇宙微波背景辐射的温度异向性上。

专家们利用 DMR 量测的结果发现，由宇宙物质大尺度结构（如星系或星系团）在重力场上引致的微小密度起伏，正是宇宙大尺度结构和星系形成的起源。所以，初期宇宙中的物质分布大致平均。然而星系、地球，甚至人类之所以能出现在这世界上，存在于现在的时空，就是这小小的不平均所造成的。

因为，在物质密度较高的地方，重力也较强，因此会吸引其他物质和能量朝此聚集，经过一百多亿年的演化后，就形成了现在我们所知道的星球、星系，而密度低的地方，就成为星系间的广大太空了。这个星系形成过程的推测与大爆炸理论的预测相当吻合。

这些研究都是为了探寻宇宙的起源，科学家为了追求大自然的奥秘与满足好奇心，研制出新的技术并创造出新的科学，这对日后人类生活进步确实是有帮助的。

微弱的宇宙辐射化石

暗能量：来自宇宙的大谜团

□ 林文隆

最近十多年来，宇宙学的进展突飞猛进，其中一个最不可思议的发现，就是目前宇宙的主要成分是压力为负的暗能量（dark energy），约占全部的 73%。其次是暗物质（dark matter），占 23%，而我们熟知的物质只占 4%左右。这神秘暗能量的本质究竟为何，乃是当今物理学家研究的主要课题。在为大家介绍暗能量的天文观测证据之前，先让我们温习一下宇宙学的基本知识。

广义相对论和宇宙常数

20 世纪伟大物理学家爱因斯坦于 1915 年发表广义相对

论，由于整个宇宙的演化受到重力影响，故广义相对论是宇宙学上最重要的理论基础。

爱因斯坦在 1905 年发表特殊相对论之后，整整花了十年的功夫才得到广义相对论中的重力场方程式。这是因为该理论牵涉弯曲的时空，需要用到一门 19 世纪发现的数学——黎曼几何。这是一种非欧几何，根据非欧几何的观点，二维的曲面可分成三种：（一）平面，平面上任何一个三角形的内角和恒等于 180 度，曲率为零；（二）双曲面，三角形内角和小于 180 度，曲率为负；（三）球面，三角形内角和大于 180 度，曲率为正（图 49）。

图 49　二维曲面根据非欧几何观点，可分为平面、双曲面和球面三种。

1854 年，黎曼将高斯二维的非欧几何推广至任何维度，建立了高维弯曲空间的概念及计算空间曲率的方法。爱因斯坦因为得到大学同窗好友葛罗斯曼（Marcel Grossman, 1878 — 1936）的帮助，了解到黎曼几何正是他需要的数学工具，几经不断地尝试，终于在 1915 年底成功写下了重力场方程式：$G = 8\pi GT$。方程式的左边为爱因斯坦张量[①]，与

————————————

① 　张量是几何与代数中的基本概念之一。从代数讲，它是向量的推广。

时空的曲率有关，右边系能量—动量张量，为重力的来源。换言之，时空的几何与重力场有关。

1917 年爱因斯坦为了得到当时相信的静态宇宙模型，在重力场方程式中引进宇宙常数Λ，后来当他得知宇宙正在膨胀而非静止时，自称此举为他一生所犯最大的错误。事实上，在哈勃从望远镜观测发现宇宙的膨胀之前，俄罗斯数学家及气象学家弗里德曼（Aleksandr Friedmann, 1888 — 1925）早已于 1922 年发现，不含宇宙常数的爱因斯坦方程式具有演化（膨胀或收缩）宇宙模型之解，可惜他因乘坐气球研究气象而罹患伤寒病逝，时年仅 37 岁。

宇宙大爆炸理论

1920 年代，美国天文学家哈勃利用加州威尔逊天文台 100 寸望远镜，量测数十个星系的红位移及距离，发现星系离开我们的速率与其距离呈正比，这项结果于 1929 年发表，是为哈勃定律。哈勃定律告诉我们宇宙正在膨胀中，随着宇宙的膨胀，宇宙的温度跟着降低。反推回去，可知我们的宇宙是在过去某一时刻，由温度很高、密度很大的区域爆炸产生，这就是所谓的"大爆炸"。

根据"大爆炸"可推论宇宙在最初三分钟左右，制造了大量的 ^{4}He、少量的 ^{2}H 及 ^{3}He，及微量的 ^{7}Li。之后宇宙轻元素（氘、氦等）的测量果然和此推论相符。1998 年，斯科特·伯勒斯（Scott Burles）及大卫·泰勒（David Tytler）利用 10 米级凯克望远镜上的光谱仪，测量氘原始含量的精确值，将此值与宇宙大爆炸制核理论比较，可推论重子（一般物质）只占宇宙成分的 4%。

1965 年，美国贝尔实验室科学家彭齐亚斯（Arno Penzias）及威尔逊（Robert Wilson）发现宇宙微波背景辐射（CMB），使大爆炸获得有力的支持而成为宇宙学的标准模型（图 50）。

我们可以说，哈勃定律、轻元素含量及宇宙微波背景辐射这三大发现，构成了大爆炸的三大支柱。

图 50　1965 年，美国科学家彭齐亚斯及威尔逊发现宇宙微波背景辐射，1978 两人因此与前苏俄科学家卡皮查同获 1978 年诺贝尔物理奖。

宇宙标准模型是一个很好的理论，而且有观测证据支持，但并非全无问题。当我们把时间反推至宇宙极早期时，便会出现一些难题，诸如水平视界问题、平坦问题及磁单极问题等。为了解决这些难题，理论物理学家古斯（Alan Guth）于 1980 年提出，宇宙极在早期时曾经瞬间经历过"暴胀"（Inflation）的构想，他的想法是：宇宙在 $t = 10^{-35}$ 秒时，在极短的时间内（$\Delta t \approx 10^{-32}$ 秒）由 10^{-24} 厘米分暴胀成 10 厘米左右。暴胀之后，宇宙仍继续膨胀但速率减缓许多，且因为受到重力的影响，膨胀速率逐渐变慢。如果真的如他所想，原先许多难题将自然迎刃而解，自此，"暴胀"成为大爆炸理论极为重要且不可或缺的一环。

宇宙年龄较星团年龄小的矛盾问题

我们银河系的银晕中，散布着一百多个球状星团，各含有 $10^5 \sim 10^7$ 个星球，这些星球的金属（比氦更重的元素）含量极少，因此是本银河系最古老的星球，而一个星团里的星球据信是同一时间形成。

直到 1990 年代初期，根据星球演化的理论及球状星团在赫罗图的分布，得到球状星团的年龄约为 160 亿年。当时最被看好的宇宙模型为平坦而由物质主控的宇宙，但是根据此模型得出宇宙年龄仅为 92 亿年，比球状星团的年龄还小。这个矛盾的结果即所谓"宇宙年龄问题"。麻烦可能出在球状星团的年龄估计错误，实际上应小于 160 亿年，或者是所采用的宇宙模型不正确。于是宇宙常数 Λ 不为零的宇宙模型再度受到重视，因为引进宇宙常数将使得年龄增加。

宇宙物质与能量组成

要知道宇宙的年龄之前，须先知道宇宙组成的成分、宇宙的物质与能量有哪些而且各占多少？最近二十年各种天文观测提供我们很好的答案。

超新星的观测

依据超新星光谱是否含有氢的谱线，超新星可分成 I 型和 II 型，不含氢者为 I 型超新星，具有氢者属 II 型。II 型超新星的前身为重质量的星球，1987 年所发现的 SN1987A 即属 II 型（图51）。I 型超新星又可分成 Ia、Ib 及 Ic 型等，其中光谱没有

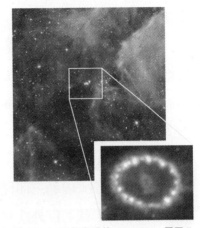

图 51　1987 年发现的 SN1987A，属于 II 型超新星，前身是重质量的星球。

氢但有硅者，称为 Ia 型超新星，其前身为双星中的白矮星。

白矮星不断地从其伴星中吸附物质，当质量达钱氏极限时，点燃核融合反应并导致爆炸而形成超新星。由于这类超新星爆炸时的质量均在钱德拉塞卡极限附近，故其尖峰的发光度大致相同，因而 Ia 型超新星是宇宙学重要的标准烛光。换言之，Ia 型超新星可作为距离的指标。

有两个研究团队"超新星宇宙计划团队"及"高红移超新星寻找团队"分别观测高红移的 Ia 型超新星。他们发现，目前宇宙的膨胀非但没有减缓，反而在加速当中。如果是，宇宙的成分除了物质（包括重子及冷暗物质）之外，尚有压力为负的奇怪成分存在，我们称之为暗能量，其性质非常接近宇宙常数。

宇宙微波背景的观测

1965 年宇宙微波背景辐射的发现，使得大爆炸成为宇宙标准模型。宇宙在大爆炸后约 37 万年，自物质分离而出的黑体辐射，随着宇宙的膨胀温度跟着降低，目前温度大约为 3K。

1989 年 11 月 18 日，一部新的宇宙微波背景探测器 COBE 卫星升空，内载三部仪器，分别测量宇宙微波背景的能谱、温度的起伏与红外线背景。这是科学家第一次自卫星精密测量宇宙微波背景，之前或者用地面无线电波望远镜，或者将探测器装在气球上，而且只限单一波长的观测。例如当年美国贝尔实验室的彭齐亚斯和威尔逊所用的波长为 7.35 厘米，普林斯顿大学的罗尔（Peter Roll）和威金森（David Wilkinson）则用 3.2 厘米。

COBE 在几个月之内，便一次测量到近百个不同波长（0.05 厘米 $\leq \lambda \leq$ 10 厘米）的辐射强度，并于 1990 年发表宇宙微波背景辐射的能谱为一完美黑体辐射，目前温度为 2.728K，相当于每一立方厘米有 412 个光子。COBE 最重要的发现，则是 1992 年观测到宇宙微波背景辐射的微小异向性，即宇宙微波背景在不同方向的温度起伏量为 $\Delta T \approx 10^{-5}$ K。我们知道早期处于热平衡状态，因此宇宙微波背景辐射的温度是均匀的，而且各方向的温度也相同。不同方向的温度虽大致相同，但仍会有微小起伏，否则就不会有星系及星球形成。由于这项对宇宙微波背景辐射的能谱和微小异向性的重要发现，马瑟（John Mather）和斯穆特（George Smoot）共同获得 2006 年诺贝尔物理奖。

之前观测仪器的灵敏度不够，直到 1992 年 COBE 才观测到宇宙微波背景的异向性。由于宇宙微波异向性的观测，可提供宇宙膨胀的速率、几何、物质或能量的成分、结构形成等重要讯息，因此自 COBE 之后有许多这方面的观测，包括地面及气球。不过最精确的测量结果，当属异性探测器（WMAP）卫星。

为了获得重要的物理资讯，通常要先将宇宙微波背景的数据转化成温度功率谱，并和理论比较。图 52A 为理论预测的宇宙微波背景温度异向性功率谱，此图大致分成平原（Plateau）、声波尖峰（Acoustic Peaks）与下降尾端（Damping Tail）三区。许多宇宙微波背景的观测数据得到的温度功率谱，与标准宇宙模型的理论预测相当吻合，且证实了第一及第二尖峰的存在。由第一尖峰的位置，我们可以得到重要的

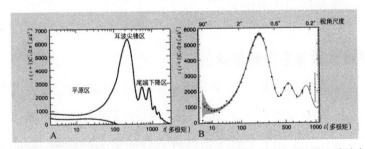

图 52　(A)理论预测的宇宙微波背景温度异向性功率谱，大致分为平原区、声波尖峰区与尾端下降区；(B)由 WMAP 卫星三年的观测数据得到的宇宙微波背景温度异向性功率谱，与理论预测相当吻合，也证实了第一、第二尖峰的存在。

结论：$\Omega_{tot} = \Omega_m + \Omega_\Lambda \approx 1$，$\Omega_K \approx 0$（$\Omega$可看做宇宙的密度，下标表示不同成分，tot 代表全部的密度，m 代表物质，Λ代表暗能量，K 代表空间曲率）；换言之，宇宙的空间是平坦的。由最近三年期 WMAP 卫星精确的观测，得到图四 B 宇宙微波背景的温度异向性功率谱，由此并可得知 $\Omega_\Lambda \approx 0.73$，$\Omega_m \approx 0.27$。

星系团的观测

星系团乃宇宙的大结构，是由许多星系彼此受重力吸引而形成的系统。由于它够大，其重子质量与总重力质量 M_{grav} 的比值，将可代表宇宙重子密度参数 Ω_b 与宇宙物质密度参数 Ω_m 的比值 f_b，即 $f_b = \Omega_b/\Omega_m \approx M_b/M_{grav}$，将宇宙大爆炸核合成理论（BBN）所得 Ω_b 的值代入此式，即可求出宇宙的物质密度参数 Ω_m。

总之，今日宇宙的物质与能量如下：物质占 27%，暗能量（以宇宙常数为代表）占 73%。在 27%物质之中，重子（指质子、中子等一般物质）只占 4%，其余 23%为冷暗物质，而光子只占 0.005%。

宇宙常数与宇宙的年龄

假设宇宙膨胀的速率一直维持不变，由哈勃定律得此情况下的宇宙年龄为 $1 / H_0$，我们称此时间为哈勃时间，并以 t_H 表之。实际上受到宇宙各种物质间重力的影响，膨胀的速率也随着改变，因此今日宇宙的年龄 t_0 是哈勃常数 H_0、宇宙各种成分的密度参数Ω_i，以及其状态方程式ω_i的函数，即 $t_0 = f\ (H_0,\ \Omega_i,\ \omega_i)$。

如果宇宙的成分都是压力为正的物质，互相之间的重力均为吸引力，则宇宙膨胀的速率会随时间减缓下来，这么一来，宇宙的年龄应该会小于哈勃时间。1980~1990 年代初期，公认最好的宇宙模型为爱因斯坦—德西特（Einstein-de Sitter）模型，即平坦而由物质主控的宇宙：$k = 0$, $\Omega_m = 1$。此时宇宙的年龄由计算得知仅为哈勃时间的 2 / 3，即 $t_0 = 2\ /\ 3\,t_H$。用哈勃常数的最佳观测值代入，宇宙年龄仅为 92 亿年，远小于我们所知最古老天体年龄的下限 120 亿年，此即所谓的宇宙年龄问题。于是，宇宙常数不为零的宇宙模型开始受到重视。因为物质之间的吸引力会使宇宙膨胀的速率减慢，而宇宙常数的效用相当于排斥力，会加速宇宙的膨胀。

给定今日哈勃常数值，引进宇宙常数会导致宇宙的年龄增加，因为它表示在初期膨胀速率较慢，所以需要较长的时间达到目前的距离。至于宇宙真正的年龄则视Ω_m和Ω_Λ的大小而定。

根据 Ia 型超新星、宇宙微波背景辐射及宇宙大结构等观测，我们得到一个和所有观测结果均符合一致的宇宙模型，根据该模型，目前的宇宙的年龄为 137 亿年。此年龄比古老星体的年龄稍大，因此该宇宙模型并无宇宙年龄问题。

神秘的宇宙暗能量

纵上所述，目前有一个符合各种天文观测的宇宙模型，主要内涵如下："宇宙空间的几何是平坦的，宇宙现在正处于加速膨胀中，非相对论性物质占宇宙成分的 27%，暗能量占 73%。"不同物质的状态方程式参数（$\omega = p / \rho$）也不同，非相对论性物质$\omega = 0$；暗能量$\omega = -1$。

神秘暗能量的本质是当今宇宙学最大的谜团，而宇宙常数是暗能量最简单的解答之一。从量子场论的观点来看，宇宙常数即真空能量，但其观测值远比理论值小，相差了 120 个数量级，这便是著名的"宇宙常数难题"。

另外有一个难解的谜团称作"宇宙巧合难题"：宇宙常数的能量密度固定，不会随着时间改变，而物质能量密度则随着宇宙的膨胀而减少，这就导致一个很难解释的现象：为何这两种能量密度目前刚巧差不多（分别为 27% 及 73%），但在早期的宇宙，宇宙常数能量密度却比物质能量密度小很多，而在遥远的未来却大许多?

因此许多人认为，暗能量乃是一种动态纯量场，我们可选择适当的位势，使其能量密度和物质能量密度在目前的大小差不多，而且纯量场的位能要远大于它的动能，使得暗能量的压力为负。此种暗能量的状态方程式不再是固定不变，而是红移的函数：$\omega = \omega (z)$。有人将此种前所未知的暗能量取名第五元素（quintessence），甚至有人认为暗能量是一种ω值小于-1的东西，由于其性质甚为怪异，故取名幽灵（phantom）。

解释宇宙加速膨胀的其他理论

尽管暗能量的本质有多种猜测，但从基本物理的观点来看，迄今仍缺乏令人满意的理论。何况压力为负的东西实在太难理解，于是有人质疑暗能量是否真的存在。当然，我们的宇宙目前在加速膨胀中，已是不争的事实（因为有许多观测证实），可是，这个现象除了暗能量之外，是否有其他解释？底下简单描述一些这方面另类的理论。

不均匀模型：有人认为大尺度的微扰可能导致极大的反作用而引发加速。这想法提出后，有许多人进一步研究物质分布不均匀时对光传递的影响。这方面的研究仍在进行：

广义相对论的修正：也许今日宇宙加速的膨胀并非有暗能量的存在，而是在像宇宙这么大尺度时（此时宇宙的曲率很小），爱因斯坦的广义相对论需要修正，例如多了一个修正项，它在曲率大时效应很小，但当曲率小时，影响变大，使得宇宙由减速变成加速。为了达到此目的，最简单的方法就是在爱因斯坦希尔伯特的作用项（action）中，将曲率纯量 R 用它的函数 f（R）来取代。

另一种方法是采用高维的膜理论，在低能量时重力局限在四维时空的膜上面，此时该理论与四维的广义相对论相同；但在极大能量时，重力会渗入高维的空间，此种理论会修正宇宙演化的方程式，无需暗能量即可得到加速膨胀的宇宙。以上介绍修正广义相对论的理论，实际上都会碰到许多难题，例如不稳定、不满足因果律等等。究竟目前宇宙的加速膨胀系因为暗能量的存在，抑或爱因斯坦的广义相对论需要加以修正，仍是未解的问题。

精密宇宙学时代

宇宙学的发展日新月异，今日已经进入精密宇宙学的时代。不久将来，会有许多更精密的大规模观测，例如超新星加速度探测器（Supernova Acceleration Probe）预计将观测两千个以上超新星，它将准确测出暗能量的密度参数，并确定暗能量的本质及状态方程式；可以说未来五十年，暗能量将是宇宙学上最重要的研究课题。

图 53　宇宙微波背景侦测器

宇宙里更多的"地球"

□辜品高

　　自 1995 年以来，天文学家开始大量发现太阳系以外的行星系统，证明太阳并不是银河系中唯一拥有行星的恒星。这些系外行星（exoplanets）的发现，正如四百年前伽利略使用望远镜观察天象一般，为天文学新开了一扇窗。透过这个新的窗口，让我们更了解行星是如何形成和演化的。但其最终及最有趣的目的，则是能解答是否还有别的"地球"，甚至外星生命的存在。

　　在探索这个问题之前，我们先不要舍近求远，让我们先研究一下距离地球最近的天体——月球吧！大家都知道月球是地球的卫星，所以简略来说，月球所受到来自太阳的热辐射与地球差不多。可是为什么月球表面并无生命迹象呢？为什么月球表面并无海洋呢？目前在学界的看法是，月球质量太小，其微弱的重力无法抓住大气，于是大气受太阳辐射加热之后逃逸。即使后来有彗星陆陆续续砸下来（可将彗星想象成大型的脏雪球），持续地供给冰，但也因为月球表面几乎没有大气，气压极低，以至于冰很快就受热升华成水气，所以海洋无法形成。因此单以月球的例子来说，要成为能在地表上孕育生命的星球，天体的质量不能太小。当然，另类的思考永远是存在的。譬如说有许多天文学家揣测一些木星或土星的寒冷卫星，或许因为其潮汐造成的地热可融化内部的冰，或是因为液态甲烷可能代替水，因而使这些卫星可能有孕育生物的条件。但这些理论至今还是尚未证实。

天人合一否？

让我们再回到地球，想想这个有生命的星球，思考一下

表2　　　　人体的重要元素和组成宇宙天体主要元素比较

数量排名	宇宙(恒星和气体)		人体	
1	H	92.71%	H	60.56%
2	He(惰性)	7.185%	O	25.67%
3	O	0.050%	C	10.68%
4	Ne(惰性)	0.020%	N	2.44%
5	N	0.015%		
6	C	0.008%		

人类和宇宙到底有什么联系。我们知道人类的组成分子大部分是水，碳则是组成有机分子的主干，而氮则是组成氨基酸以及核酸的要素。科学家把组成人体的重要元素和组成宇宙天体的主要元素相比较，发现下面一个有趣的对照表：

从表 2 的数据可以看出来，除了惰性气体之外，人体的主要元素和宇宙天体的主要元素居然是差不多的！这让我们不免想起《庄子·齐物论》中天人合一的思想："天地与我并生，万物与我为一"。但是，让我们就天文学的角度来看，这种天人组成分子的吻合情况，是一种巧合吗？

氢是宇宙中最简单的元素。自从大爆炸之后，宇宙一直膨胀，后来冷却再冷却，使得质子和电子结合成为氢原子，变成宇宙中恒星和气体的主要成分。然而组成地球上生物有机分子的主要元素碳，竟然无法在大爆炸时来得及制造。在宇宙的历史中，碳元素需要按着特别的"食谱"去制造。

所有类似太阳的恒星，在它们百亿年的生命末期，其核心温度就会上升到达约一亿度。此时在恒星中心，每三个氦会核融合为一个碳原子核，而整个恒星会膨胀起来成为红巨星。恒星在红巨星的阶段，会扬起强烈的恒星风向外吹，于是恒星损失质量，其大量的气体，包括碳元素，便随着恒星风吹入星际介质之中。之后新的恒星和行星在星际介质中形成，碳元素便自然地成为行星组成分子的一员。

除了碳之外，科学家一般相信液态水是孕育生物的必要条件。这个论点并没有被确切地证实，事实上生物学家目前也无法回答原始生命是如何产生的。但是有一些液态水的基本性质，使得科学家做这样的揣测。首先，如表 2 显示，宇宙第一多的元素是氢，第三多的是氧，所以水分子产生的几率比较大。其次，水的比热高，可以使环境的温度稳定。此外，原子和分子可借着水来移动，但同时却也限制于较小的活动范围（相较于气体），以便于聚集合成复杂的分子。

事实上，水提供环境让某些分子溶解其中（也就是扮演化学上所谓的溶剂），而更容易进行化学反应。当然，其他为数不少的液态分子也可以当作溶剂，譬如说氨气（NH_3）。但是水与其他溶剂相比，以它能够以液态方式来存在的温度范围而言，算是比较广的，表示液态水比较容易存在。

生命三要素

在我们畅谈生命在宇宙中诞生的当儿，讽刺的是我们尚未给生命一个定义。

生命可能是由许多有机分子组成，但究竟多么简单的有机分子可以被视为生命，这是生物学上一个困难的问题。读者或许有不同的看法。

在此我们将一群能够互相协调来执行成长、繁殖以及演化步骤的有机分子集体，定义为生命。就这个简单的定义来说，成长和繁殖是需要供给能量的。于是乎综合本段以及前面几段的介绍，我们或许可归结出一个结论，那就是生命的存在可能离不开下列三个要素：碳、水和能量。如果我们相信在宇宙中，生命起码需要具备此三要素，那么天文家的使命就是透过望远镜，从宇宙中去寻找跟这三要素有关的光源（星体）。

由于组成分子的原子成员彼此相互做振荡和旋转，因而不同的分子辐射出不同的光谱线。目前已经有许多天文观测团队，试图观测恒星形成的云气，将所观测的光做光谱分析，来寻找有机分子，譬如说甲酸（CH_3OH）、乙基氰（C_2H_5CN）、乙酸（$HCOOCH_3$）等。这类有机分子的光谱波长多是落在亚毫米波段。

当然，这些弥漫在恒星中形成气团中的有机分子，在行星形成的过程中，未必能幸存下来。但有一派假说认为，有机分子可在行星形成后靠彗星陨石带入。在 1969 年，著名的

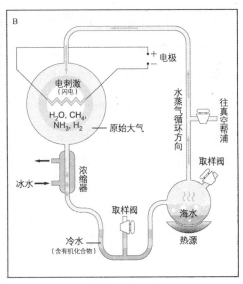

图 54 就原始生命的形成，有两派假说。(A)默奇森(Murchison) 陨石内含多种氨基酸，暗示有机分子可能由彗星带到行星上；(B) 米勒－尤里(Miller-Urey)的实验，支持生命始于地球上的原始大气。

默奇森（Murchison）陨石（图 54A）掉到地球上，里面就包含了七十种左右不同的氨基酸，其中有八种是组成蛋白质的原料。

另一派假说则认为生命是在行星形成之后，由于行星大气中的某些化学作用而开始的。1952 年米勒（Stanley Miller）和尤里（Harold Urey）进行一项实验，想去实践这种想法。他们在实验瓶中装入水（H_2O）、甲烷（CH_4）、氨（NH_3）、氢（H_2）等气体来模拟地球早期的大气，再加以电击模拟闪电，最后他们真的制造出构成蛋白质的数种氨基酸（图 54B）。

除了寻找在恒星形成区域的有机分子外，我们可以试着去寻找另外两项生命要素：液态水和能量。能量是个比较概括的概念，因为它能够以许多不同的形式存在。就天文的角度来看，没有一种能量比恒星所发出的辐射更稳定更强大。于是液态水和恒星辐射，这两种要素的结合，衍生出所谓"适居带"（habitable zone）的概念。适居带的基本定义为，液态水可以在行星表面存在的轨道带。譬如说，根据宾州州立大学卡斯汀（James Kasting）教授的计算，目前太阳系的适居带可能位于 0.95~1.7 倍的地球轨道半径左右。在他的计算中，温室效应以及地壳活动决定了适居带的轨道位置和宽度。我们知道，恒星有着不同的质量并且缓慢地演化着。适居带的轨道位置和宽度会随着恒星的辐射强度而变动，因此也会随着恒星的质量和年龄而变化。所以就寻找地球以外的生命来说，天文学家目前可以积极去做的，就是寻找位在其他恒星适居带的，类似地球质量的行星。

科学家已发现超过三百个系外行星，绝大多数并非借由直接探测它们所发出的光。事实上，行星的光几乎完全被其母恒星的强烈光芒所掩盖，很难在遥远的距离外判别得出来。但是行星和其母恒星会因为重力的交互吸引，环绕共同的质量中心互转。这使得其母恒星所发出的光谱谱线，能做周期性的多普勒位移。根据这些谱线的位移，虽然很小，天文学家仍可以计算出行星的轨道。目前发现的系外行星，大多数是质量较大的类木行星。但随着多普勒位移的精度提升，天文学家慢慢发现受类地行星扰动的红矮星。

红矮星质量约为太阳质量的一半以下，其辐射热相对也弱了许多，但它们在太阳系附近的数量远比类似太阳这样的

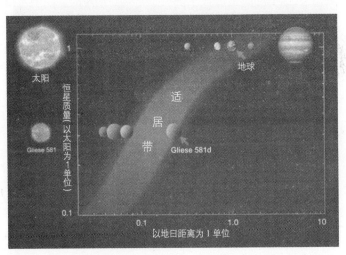

图 55　太阳系以及葛利斯 581（Gliese 581）行星系统的适居带，行星若位于适居带内，意味着其上可能存在有海洋。

恒星多得多。2008 和 2009 年，天文学家发现红矮星葛利斯
581（Gliese 581）有四颗行星。其中一颗编号 d 的行星（Gliese
581d），虽然距离其母恒星大约是 0.2~0.3 倍的地日之间的距
离，但因红矮星的总辐射较弱，被天文学家认为此行星很有
可能在葛利斯 581 的适居带内，意味着它可能有海洋（图 55）。

　　四百年前伽利略为人类对宇宙的观念开了一扇窗。虽然
他以观测来了解宇宙的方法，被当时的宗教审判所打压，但
是伽利略并不孤独。就在同一年，开普勒发表了他的行星绕
日轨道理论，之后被称为开普勒第一和第二定律。四百年后
的现今，一个以开普勒命名的太空望远镜顺利地发射升空。有
别于刚才所叙述的多普勒位移侦测方法，开普勒太空望远镜
是使用类似日食的概念来发现系外行星。当一颗系外行星的
轨道大略和我们的视线平行时，此行星会周期性地遮蔽其母

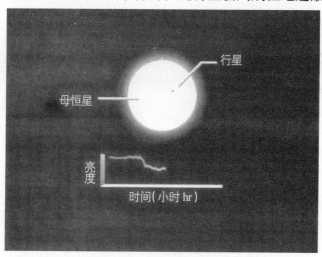

图 56　系外行星在轨道运行时，会周期性遮蔽其母恒星的光。

恒星的光（图 56）。因为行星远小于恒星，所以母恒星被遮蔽的程度，仅有百分之一到万分之一。但开普勒太空望远镜的精度却可以侦测如此微弱的光度变化，使得寻找在适居带的系外"地球"轻而易举。

德瑞克方程式

人类总是对外太空是否存在着高等文明，感到高度的憧憬和期待。

谈到天文与外星生命，人们不免谈到德瑞克方程式（Drake equation）。这个方程式的目的是尽可能将相关因素考虑在内，列成一条式子，而且可以由后人推论，继续增加其中的因子。

简单来说，懂得使用电子通讯的系外文明数（N），可能等于所有银河系的恒星数（x），乘上一个恒星拥有行星的概率（P_p），再考虑在一个适居带范围内可能容纳多少行星（n_{HZ}），以及生命确实可以在适合行星开始的几率（P_L），再乘以生命可以进化成资讯文明的几率（P_I），和资讯文明可以幸存的或然率（P_S）。当然，笔者要强调的是，读者仍旧可以依照个人的想法再增加一些其他的因素。但就以德瑞克方程式的基本概念来说，其中的 P_p 和 n_{HZ} 项，预期可以在系外行星的寻找上找到答案，但是后面几项，将必须仰赖真正接收到的外太空通讯来决定。

在过去几年内，塞提计划（Search for Extra-Terrestrial Intelligence, SETI）很可惜地并未接收到任何来自外太空可疑的电

图 57 竖立在美国北加州的艾伦望远镜阵列。

子通讯。但是在不久的未来,专职于寻找这类可疑讯号的艾伦望远镜阵列(Allen Telescope Array,图 57),将会挑起大梁,对更广的星空视野和频率范围做搜寻,届时可能会有意想不到的结果,就让我们拭目以待吧!

寻找系外生命计划

□ 叶永烜

2009 年是全球天文年，主旨在于纪念 1609 年，伽利略首次用自制的天文望远镜，观察到月球表面高低不平的山脊和坑洞，并发现银河是由点点繁星构成。翌年，他又发现围绕木星转动的四个卫星，促使反对地心说的"天体运行论"进一步被接受。但我们不要忘记，1609 年也是开普勒根据第谷的观察资料，准确计算出火星轨道运行位置，发表《新天文学》的一年，并由此奠下开普勒定律的基础。

这两位杰出天文学家的科学工作影响深远。随着太空科技的进步，他们的名字也用在天文学和行星科学重要计划的命名。例如美国国家航空航天局在 20 世纪 90 年代中期的木星探测计划，便是以伽利略为名。而在 2009 年 3 月成功发射的开普勒太空望远镜，则是专注于系外行星的搜索，希望得到的观察资料，可以为将来寻找系外生物圈的天文计划铺路。本文向大家介绍几个相关的太空天文计划——欧罗巴-木卫 2 探测任务、开普勒太空望远镜计划和达尔文太空望远镜计划。

欧罗巴－木卫 2 探测任务

美国国家航空航天局在 1960 年左右，开始规划外太阳系各大行星的探测计划。经过前锋者 10、11 号，以电浆和太空尘埃粒子测量为主的先导飞航（fly by）观察，以及航海者 1、2 号的后续摄影仪和红外光谱仪测量，得到很多重大的科学成果，使我们对木星、土星、天王星、海王星和它们的卫星系统，开始有所认识。其中数一数二具突破性的发现，包括有伊奥-木卫 1 的二氧化硫（SO_2）火山喷泉、欧罗巴-木卫 2 满布冰山构造的表面地貌，以及泰坦-木卫 6 的浓厚氮（N_2）大气层。

在很多太空探测的路线图中，观察的下一步，便是把太空船放置于环绕行星的轨道，长时间测量各个卫星和行星磁层的物理过程，以及各种现象的时间变化。所以美国国家航空航天局花了很长的时间规划伽利略木星任务，中途遭受到许多障碍，而终于在 1995 年发射。在航往木星途中，尽管很可惜太空船的通讯天线发生故障，以致科学资料的质量大打折扣。但任务科学家和工程师协力合作，精打细算地把最重要的观察落实。图58即为欧罗巴-木卫2表面构造的一个影像，可以见到一系列可能由潮汐作用而衍生的冰壳裂痕。

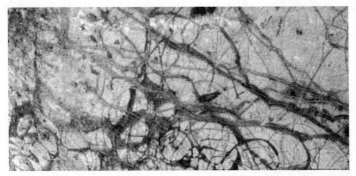

图58　伽利略太空船飞近欧罗巴－木卫2所得的影像。欧罗巴表面冰壳布满很多半圆形的裂痕，理论模型指出可能和木星的潮汐作用有关。

　　此外，伽利略太空船经由天文力学测量，得到欧罗巴内部构造的模型以及磁场观察数据，两者均指出，在这个卫星的冰壳之下，可能存在一个厚达数百千米的地下海洋。而因为地球海洋深处的底部，便存在一个只靠摄取地气作为能量来源的微生物生物圈，所以"欧罗巴"便成为研究生命来源和系外生物圈的科学家，极感兴趣的目标。

　　欧洲太空组织（ESA）和美国国家航空航天局（NASA）因为卡西尼-惠更斯土星探测计划，而有着非常良好的合作关系。所以在过去几年中，开始共同策划针对欧罗巴的进一步探测计划。双方已经同意合作研发这个计划所需的技术和科学仪器，预计在2023年将发射太空船，在2025年到达木星系统，开始科学任务。除了用长波长雷达，勘察欧罗巴表面冰壳的厚度分布。由于木星的吸引力而产生的潮汐变化，以及地下海洋的存在与否之外，木星的磁层电浆对欧罗巴的作用也是重点之一。伽利略本人对海洋潮汐的议题有着浓厚的兴趣，但他大概没有想到这可以在他发现的木星卫星派上用场。

开普勒太空望远镜计划

欧洲天文学家马诺（M. Mayor）和魁洛滋（D. Queloz），在 1995 年首先发现第一个在太阳系外的行星——射手座 51 Peg。大约也是在这个时候，一组美国天文学家向美国国家航空航天局提议一个叫"开普勒"的光学太空望远镜的计划（图 59）。在经多次的论证后，终于得到美国国家航空航天局的接纳，成为正式的科学任务。但在这段期间，被发现的系外行星数目，已经增加到三百多个。而且，由于测量方法的进步，能侦测到的行星大小，也从约等同木星的大小质量，逐步减少到相当于天王星和海王星的大小质量。

图 59　开普勒太空望远镜。它的 1.4 米光学望远镜用来搜寻可能有生物圈存在的类地系外行星。

法国的柯罗德太空望远镜计划，巡天观察

附近恒星的掩星效应，更在最近侦察到一个质量仅比地球大两倍的超级地球 COROT-EXO-76，成分是由石质材料组成。但 COROT-EXO-76 和很多已被发现的系外行星一样，绕中心恒星运转的轨道距离非常小，周期只有 20 小时，其表面温度高逾 1000℃。在这个比金星表面更为高温的环境中，水分早已被蒸发，地表其实是熔岩所形成的"海洋"，不是生物圈容易孕育的地方。

现在开始要进行科学工作的开普勒计划，则是特别设计，要寻找距中心恒星不近不远，可以容许液态水在表面留存的类地型系外行星。根据观察资料和理论模型，在比太阳质量小的 M 型和 K 型恒星之行星系统中，最有机会找到这类适合生物圈生存的轨道范围（habitable zone）。

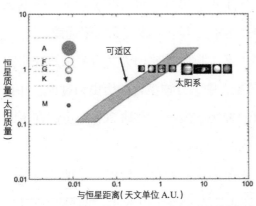

图 60　各类恒星和太阳的适宜生物圈发展的轨道距离（或称适居带）的比较图。

所以，开普勒太空望远镜预计在三年半的任务期间，针对离地球 600～1000 光年的十万个恒星，作非常精细的掩星测量，借记录其可见光亮度时间变化，希望由此找到一些位在适居带的类地系外行星（图 60）。

达尔文太空望远镜计划

虽然开普勒太空望远镜的灵敏度，远远超过地面望远镜的水平，它还是没有办法分析大气成分，也无法辨别所找到的类地系外行星，是否真的有山有水，甚至是否有生物活动。天文学家根据在地球环境生物圈演化的经验，提出一个假设，即是其系外生物圈的来源和成长，都和液态水以及光合作用分不开。美国行星科学家奥文（T. Owen）在 1980 年提议，以行星大气中有无臭氧（O），作为生物圈是否存在的证据。这个学说影响了过去三十年的思维，也直接导致下一波的天文生物学的主题计划：达尔文太空干涉成像仪望远镜。

达尔文计划顾名思义，自然是要用天文观察来研究宇宙（至少在我们的银河星系）中，万物演化的历史和过程。并且结合影像和红外光谱的方法，来辨认大约 200 个可能在不同发展阶段的类地系外行星。

这是一个非常富想象力的宏伟科学构想，也把太空科技推到了极限。但其基本原理要回溯到 1978 年，布理斯卫尔（R. Bracewell）一篇非常简洁的论文，推导所谓化零干涉仪（nulling interferometry）的测量方法。如图 61 所示，把两个望远镜看同一物体所得光波作相位的前后移动，便可以产生正干涉和负干涉。在 180 度相位差的负干涉条件下，可以把中间恒星的亮度完全消除，只余下比恒星亮度小过十亿倍的系外行星。自从布理斯卫尔首次提议后，这个化零干涉仪的设计和操作已经有许多的改善，欧洲太空组织和美国国家航空航天局便准备把这套办法，用在追寻系外生命的太空任务。

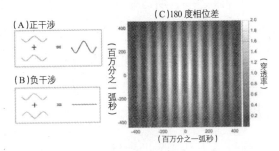

图61 化零干涉仪的(A)正干涉和(B)负干涉效应的示意图。以及(C)180度相位差所得的干涉图形。

欧洲太空组织主导的达尔文计划，其构想便是用四个太空船，以阵列方式收集到光束资料，经由另一个太空船加以处理后，再把资讯传递回地球（图62）。为了保持

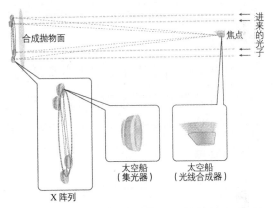

图62 达尔文干涉成像仪太空望远镜的阵列示意图。如图，X阵列由四个太空船（集光器）组成，所收集到的光束资料，经由另一个太空船（光线合成器）加以处理后，再传递回地球。

在低温以便进行红外光观察，这组太空船的位置，将远远设在月球轨道之外的拉格朗日L2点。化零干涉仪的观察方法要求四个彼此分隔数百米的太空船，其相对位置的误差，必须保持在几厘米之内，这是一个极困难也极昂贵的技术挑战。但欧美天文学家认为系外生命的发现，将是人类历史中最重要

的里程碑之一，所以争先进行这个任务，希望在 2020 年前能够实现。

达尔文太空望远镜波段是中红外线（MIR）的 6~20 微米（μm），以侦测系外行星大气光谱中有无水（HO）、二氧化碳（CO）、甲烷（CH）和最重要的臭氧（O）的吸收光谱。然后与针对三十九亿年前地球大气层的模拟光谱作比较。由于当时是未有生物圈也没有光合作用的原始大气，若和达尔文太空望远镜所摄取的系外行星光谱两相比较，便有可能用来推论这些类地行星到底有没有生物圈，甚至可以知道是发展到哪个阶段。

从伽利略首次用望远镜观察月球和各个天文物体，乃至于如今开普勒太空望远镜的发射，以及紧锣密鼓规划中的达尔文太空望远镜计划，天文学在过去四百年间的发展，可说是波涛汹涌。

事实上，在这里提到的天文科学成就，从开始到任务的完成，往往需要四十至五十年的时间，不长不短大约也占了四百年的十分之一。如果向上追溯，便可以知道现在的先进天文研究工作，事实上都是因为过去数十年中，许许多多的埋头苦干和长期规划叠加累积，才能够开花结果，有机会更上层楼。

在宇宙中寻找气候变暖的线索

□ 梁茂昌　翁玉林

　　近年来，全球变暖已成为国际议题。过去一百年内，气候确实在变暖，而且很可能是来源于温室气体。受《京都议定书》规范的五种气体中，二氧化碳对气候系统影响最大，其含量每增加一倍就会使全球增温 2℃~5℃。以现今的二氧化碳增加率而言，预计到本世纪末，其含量就会加倍。暖化的程度是根据现今对气候系统变化率的知识，依外插法推算出来的。我们不知道 2℃~5℃ 是高估或低估。但毋庸置疑的是，如果我们继续干扰大自然系统，不可逆转的灾难迟早会来临。

水蒸气与地球演化

二氧化碳对变暖的影响时常被误解，事实上，二氧化碳本身是次要的，造成温室效应的主要原因是水蒸气的回馈作用。水蒸气是大气层中最重要的温室气体，它才是问题的根源。若不是因为水蒸气的放大效应，二氧化碳释放到大气层中而造成的全球暖化，不会是个严重问题。然而，若没有水蒸气，我们人类及其他生物都不可能出现在地球上。

行星诞生于恒星形成的过程中，生命必需的有机化合物也在这过程中合成，目前在彗星、陨石及星际介质中已找到许多有机分子。最复杂的有机分子只在太空微粒表面形成，如此可免于直接暴露于星际间的紫外线辐射。太空中有机化合物的发现大大拓展了我们的视野，并使得"地球最初生命可能来自外太空"的古老说法重新流行。此外，有另一派理论主张地球生命起源于海底的深海热泉（hydrothermal vents）。

望远镜与太空飞船

天文观测分为两类：传统观测和（即利用地面或太空望远镜进行观测）太空飞船观测。伽利略是最早使用望远镜观测天空并将结果记录下来的人。从那时候起，观测天文学即随着望远镜科技的进步（包括太空望远镜的发展）而稳定进展。望远镜观测是借由测量光谱，使用遥测技术来探测天体。这是研究太阳系外天体，其化学与动力学特性的唯一方法。图

63 显示不同分子对太阳光能量的吸收图。例如,斯皮策(Spitzer)太空红外线望远镜观测,发现一个太阳系外行星大气层中的水,后来哈勃太空望远镜观测也确认此发现。

太空飞船观测包括遥测及现场测量。太空飞船是为太空飞行而设计,分成以下几类:载人太空飞船,可载太空人或旅客。执行无人太空任务的太空飞船,则采取自动控制或远程机械控制;留在地球上空不远处的无人太空飞船,称之为太空探测器,而留在绕地轨道上的无人太空飞船,称为人造卫星。至于专供星际旅行用的星舰,到目前为止还只是个理论上的构想而已。

在太空飞行领域内,由人类放上轨道的物体称为卫星。为了有别于月球之类的天然卫星,这也称作人造卫星。人造卫

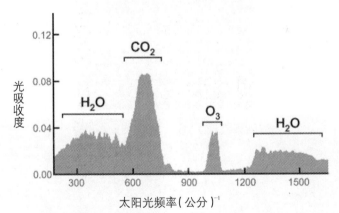

图 63　分子对太阳光能量的吸收图。横轴为太阳光频率(图中显示为光波长的倒数),纵轴为分子对光的吸收能力。图中显示三种温室效应气体:水分子(H_2O)、二氧化碳(C_2O)和臭氧(O_3)。

星的用途很多，一般包括军用与民用的地球观测卫星、通讯卫星、导航卫星、气象卫星与研究卫星。如今卫星也以很高的时空解析度，在监测全球变迁研究上扮演重要角色。

星球的生化演化——暖化前与暖化后版本

现在我们以太阳系天体为例，来推测有机分子从无到有的演化过程。在越过彗星与冥王星的外太空，于太阳形成过程中，原生有机化合物，在星际介质间合成了。后来由于太阳系内天体的形成，凝聚了这些化合物，并为之后的化学与生物地球化学（biogeochemical）演化提供足够的条件。除了地球之外（图64A），另有土星的卫星泰坦（Titan，图64B），以及金星（图64C）两个范例。泰坦说明有机物如何形成——科学家相信地球上的生物化学开始并演化之前，其环境与此

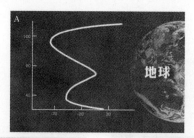

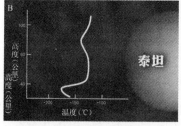
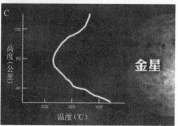

图64　星体表面垂直温度变化。（A）地球；（B）泰坦；（C）金星。

类似。金星则显示如果全球继续暖化，未来地球会是什么模样。

土卫泰坦自 1655 年被发现以来，即成为学者争相研究的对象，主要是因为它相当于"天然的实验室"，提供原始地球（proto-Earth）上化学演化极重要的线索。泰坦橘色的层层薄雾为其最突出的光学特征，这些薄雾层在控制泰坦的气候与化学方面扮演关键角色，相当于"地球有生命起源以前的臭氧"，能吸收掉太阳发出的破坏性紫外线辐射，保护位于低层大气或表面、天文生物学上重要的分子，且被认为与三十八亿年前地球尚未发展出生命时，地面的气悬胶层相似。

此外，在太阳系内仅地球和泰坦拥有以氮气为主的厚大气层。甲烷占泰坦大气含量约 2.5%。甲烷与氮气间的光化学导致大量碳氢化合物与腈类（nitriles）产生。这种非热平衡的化学提供生命（若存在的话）所需丰富的"食物"，而且可能在生命网络发挥重要的作用，并为生命的演化做好准备。

而金星则提供我们机会，研究太阳系中，水演化的最终过程。根据水来源输送假说，位于地球附近的金星表面，应该有近似地表的水量，但在现今的金星上却没发现这么多水。一般相信古金星上有丰富的水量，由于太阳的发光强度随时间而增加，金星接收了比原先更多的能量，以至表面被加热了，更多的水从海里被送到大气层中，使得金星变得更温暖。等到金星的平均温度达到某种临界温度时（大约 27℃），整个暖化过程成为不可逆的。这就是所谓的失控温室效应（runaway greenhouse effect，或译作逃逸温室效应）。

如果我们继续释放温室气体至大气层中，在不久的将来，地球也会发生失控温室效应，不可逆转的灾难早晚会降临到我们身上，这种人为的干扰不是大自然所能承受的——所有来自人类活动的碳酸盐被释放至大气，会造成地球大气层的二氧化碳含量类似金星的大气层，地表温度会升高达 500℃。

古地球与氧气大气层

　　要是没有产氧的光合作用，地球上根本不可能出现像哺乳类这样复杂的生命。而在光合作用能够演化发展之前，个体必须先能够保护细胞不受氧化作用的损害。然而，光合作用也是氧化剂的唯一来源，因此引出了一个类似"先有鸡还是先有蛋"的问题，也是生命史上的一个重大奥秘——酵素的起源。酵素能保护细胞不受氧分子氧化。早在 1977 年，美国加州大学洛杉矶分校的比尔·斯库普夫（Bill Schopf）已认清这问题的本质，他表示，如果没有氧介（oxygen mediating enzymes），最初行光合作用的细胞在释放出氧气时就会杀了自己。

　　不过，过氧化氢（H_2O_2）可能可以解决这问题，因为它既是强氧化剂，也是还原剂。而且以现有不产氧的光合作用细菌（anoxygenic photosynthetic bacteria，以下简称光合细菌）为中心的反应，其氧化能力足以使过氧化氢被氧化为氧分子。然而，为使光合细菌能够生存，在地球史上某段时期必然曾出现一些能消灭厌氧生物的作用过程，以及一些适合新主流生物出现的条件。已发现的低纬度冰川，甚至原生代的"雪

球"事件，均支持以上假说。

雪球般的地球

雪球地球事件是指严重的冰川事件，使得地球上的海洋全部被冻结，整个地球犹如一个冰封的"雪球"。

地球史上有两件低纬度冰川事件，形成赤道也结冰的冰封地球，两者皆与生命演化的重大改变，以及与大气中含氧量有关。一是 23 亿年前的寒武纪（Paleoproterozoic）冰川事件，一是发生在 7.4 ~ 6.3 亿年前成冰纪（Cryogenian period）时期的低纬度冰川事件——新元古代（Neoproterozoic）事件。马加因事件似乎与产氧光合细菌的出现与繁茂很有关联，而新元古代事件与寒武纪大爆发息息相关。雪球地球事件的严重性目前还在争辩，但已指明至少在陆地上，冰曾延伸至赤道，全球平均温度低于冰点，使水循环大幅缩减、生物活性大受抑制。

岩石记录指明，在约 23 亿年前雪球事件发生前不久，大气层与海洋内原本含氧量极低，而事件发生期间，生物圈与水循环的减弱很可能更减低了大气的含氧量。在太古代（Archean）与原生代（Proterozoic）最早期的非雪球冰河间隔期，产生低含量的过氧化物与氧分子，可能驱动了氧介酶及用氧酶（oxygen-mediating and utilizing enzymes）的演化，并为终将出现的光合作用埋下伏笔。

过氧化氢遇到亚铁离子会产生羟基，对细胞而言是致命物质。锰基过氧化氢酶（能催化 $2H_2O_2 \rightarrow 2H_2O + O_2$ 反应）与能中和超氧离子（O_2^-）的超氧歧化酶（superoxide dismutase enzymes），在同时应已适度演化而能保护细胞不受过氧化氢及羟基的影响。这些酶的演化比产氧光合作用的演化更早发生，因此能保护最初的产氧光合有机体。

由以上推论，科学家进一步认为过氧化氢在产氧光合作用的起源及演化过程中扮演关键角色，因为它既是强氧化剂，也是还原剂，且以现有不产氧光合细菌（anoxygenic photosynthetic bacteria）为中心的反应，其氧化能力足以使过氧化氢被氧化为氧分子。23 亿~24 亿年前的休伦（Huronian）冰川事件及 29 亿年前的蓬戈拉（Pongola）冰川事件，或许还包括其他更早的、未经确认的冰川事件，可能因此刺激了这些酶对氧的耐受性以及光合作用的发展，也刺激了各种氧化酶与过氧化酶的演化。这些酶对于今天的需氧新陈代谢作用是很要紧的。

然而仅有像雪球地球事件这样的全球冰川事件，可能产生足量的过氧化氢并造成全球性影响。在雪球事件期间，由于海水经由海底热泉循环，铁离子（Fe^{2+}）与锰离子（Mn^{2+}）等金属浓度大增。雪球事件后，在喀拉哈里沙漠的锰矿场（Kalahari Manganese Field）及新元古代锰沉积区的沉积物纪录显示，铁和锰已被氧化，两者均可能是过氧化氢的分解和光化学作用产生的结果。

全球暖化亮红灯

地球的气候会受太阳影响，太阳的短波长辐射能量，主要是在光谱上的可见光或近可见光（即紫外光）范围。抵达地球大气层顶部的太阳能约有三分之一直接反射回太空，剩余的三分之二被地表及大气层吸收，其中大气层吸收的部分较少。为了平衡吸收进来的能量，平均而言地球必须将等量的能量辐射回太空。由于地球比太阳冷得多，地球辐射的波长也长得多，主要是在光谱上的红外线范围。从地表及海洋发出的热辐射中，有许多被大气层（包括云）吸收后，又再辐射回地球，这就是所谓的温室效应。就像温室花房中的玻璃墙使气流减少，而让内部气温上升。地球的温室效应也是如此，却是经由不同的物理过程。温室效应使地球表面变暖和，也让生命有机会照我们所知的方向发展，如果没有天然的温室效应，地表的平均温度会低至冰点以下，现存生物无法存活。而今，人类的活动，尤其是燃烧化石燃料及大规模砍伐林木，已大大增强了温室效应，因而造成全球暖化。

气候本身对气候系统内部的变化性以及对外部驱动力（如太阳辐射）的反应，是一复杂的课题，会受各种回馈及非线性反应的影响。一个过程会被称为回馈，表示这个过程的结果，会回头影响其起源，然后加强（正回馈）或减弱（负回馈）其源头的效应。水蒸气由于具有强大的温室潜能，是正回馈的一个显例。

地球暖化造成大气层中水蒸气的含量增加，这件事又回头增强了暖化，然后进一步增加大气层中水蒸气的含量。结果，这种正回馈可能促使系统达到临界状态，导致失控温室效应发生，至终这系统成为类似金星的系统——其大气层主要由二氧化碳构成，表面压力约为 100 大气压。

相对而言，辐射阻尼（radiative damping）则是一种负回馈过程：温度一上升就会增加向外发出的辐射，因此限制了原本的温度上升。

以上提到的回馈都是物理过程。此外也有生物地球化学上的回馈，其中涉及结合生物学、地质学与化学的过程，二氧化碳就是这样的例子，大气层中的二氧化碳含量是受到大气层、陆地与海洋间的生物地球化学交互作用控制。云也能造成负回馈，因为它能将更多的阳光反射回太空中。地表暖化后释放更多的水进入大气层，因而使云量增加。这有助于气候系统保持稳定。然而这种稳定的机制有其限制，它是在水蒸气暖化及液态水（即云）冷却之间的平衡。

天文生物学

洞察太阳系乃至宇宙中生命的起源、演化、分布，乃至未来，是天文生物学的首要任务。在彗星、陨石及星际介质中已经找到许多有机分子。其中，最复杂的有机分子很可能是在微粒表面合成的。最近发现可生存在极端环境中的超级微生物①，更拓展了我们对生命的看法——简单而不像动物或人类那样复杂的生命，其实是普遍存在的。从发现外太空的有机化合物，到发现地球上极端环境中的超级细菌，我们学到了两件事：一是尘粒表面化学是合成复杂分子的关键，二是生命需要液态水。

路宁（Lunine）于1999年提出一个后来广为流传的观点：欧罗巴—木卫2（Europa）上可能有液态的海洋，因此上面可能有生命。但它宜人的环境可能太短暂，以致其上的生命体只停留在生命的开端。液态的海洋需要内部的热源来维持，最可能的热源是由放射、或是原始热源（即欧罗巴形成时的残余能量）产生。此外，为使生命能够存续，生命所必需的元素（如碳、氮、硫、稀有金属）也应该充足。当然，这些元素也可能是彗星带来的。

2005年底，执行美国国家航空航天局土星任务的卡西尼号（Cassini）太空飞船发现土卫2（Enceladus）有不寻常的活动——烟云状水蒸气从南极喷出来。地热源将水蒸气推到卫星表面80千米以外，同时在岩石与液体界面的温差，使得液态水将岩石风化。

根据探测结果科学家推论出，位于欧罗巴冰壳下方隔绝的地下盐水海洋，在没有光合作用，也未接触具氧化能力之

---

① 超级微生物（extremophiles），又称为"超级病菌"（superbugs），指能生存于极端环境，如极热、极冷、极端压力、极暗、和有毒废水中的细菌。

大气层的情况下，会达到化学平衡，并消灭所有倚赖氧化还原反应梯度的生态系统。这种热力学的倾向，对任何仰赖化学能的动植物，加诸了严苛的限制。在土卫 2 上，液态水对岩石的风化作用，或任何随之而来的放射性辐射，都可能成为生命的初始环境，而水循环、化学氧化还原梯度与地球化学循环的结合，则提供了适合生命发展的环境。

根据我们的理解，太阳系中没有任何地方出现过和地球一模一样的环境。火星早期可能曾出现过水循环，但如今已无仍旧存在的证据，泰坦上可能曾有许多生物出现前的有机化学物质，但它的环境并不适合生命发展。在其他星球上复

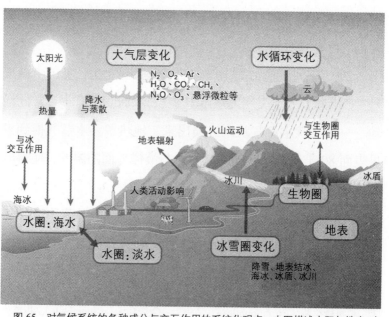

图 65　对气候系统的各种成分与交互作用的系统化观点。本图描述太阳与地表、水圈、冰雪圈及生物圈之间的交互作用，此外，人类活动也是一项重要的影响因素。

制地球生命的可能性微乎其微。所有前面提到过的条件必须在天时地利下凑在一起。

截至 2012 年已发现 838 颗太阳系外行星。多数已公布的系外行星都是类似木星的大质量气体巨行星，只有少数的质量接近地球。不久的将来，借由先进观测仪器（如最近发射的开普勒太空望远镜），应会发现更多和地球差不多大的系外行星，而我们将能研究这些行星如何演化，其大气温室气体与辐射如何作用，以及这类交互作用如何改变气候（图 65）。目前只知一个行星存在生命——地球，因此我们无法直接测试气候对人类活动及自然变化的反应灵敏度及容忍度，但系外行星能提供一些线索，而天文技术的改进则是关键。

在宇宙中寻找气候变暖的线索

探索宇宙的电眼

□ 曾耀寰

四百年前，伽利略自行改良制作可见光望远镜，指向宇宙，为天文观测研究开启了一扇天窗。由于望远镜的使用，让人类观测宇宙的解析能力大幅提升。

望远镜解析力

我们看物体的解析力取决于两个因素：物体发出光的波长和接收光线的孔径大小。以肉眼为例，孔径大小就是瞳孔大小，通常光线不足时，肉眼的瞳孔大小在 4~5 毫米。而望远镜的孔径大小则是口径大小，以伽利略所用的望远镜为例，口径为 22 毫米，约是瞳孔的五倍，所以根据理论计算，对观察同一影像，伽利略望远镜的解析能力就是肉眼的五倍。望远镜口径越大，解析能力越佳。

解析力也取决于观测的波长，波长越长，解析力越差。举例来说，同样口径的望远镜，电波望远镜的解析度就比可见光望远镜来得差。所谓可见光，是肉眼可见的光，波长在390~380 纳米之间，颜色依波长从长到短排列，为红、橙、黄、绿、蓝、靛和紫色。可见光和无线电波、红外线、紫外线、X 射线一样，都属电磁波，只是波长不同。无线电波波长大多比数十厘米还长，如收音机 FM 波段的节目是属于波长约 3 厘米的无线电波，AM 波段的波长更长，可达数百米，也有一些无线电波的波长高达数千米。微波波长比 FM 短，大约是 1 毫米到 1 米左右，一般家用的微波炉使用的频率是 2.54 GHz，波长约 10 厘米。10 厘米波长的微波是波长 550 纳米黄光的 20 万倍，也就是说要有相同的解析能力，电波望远镜的口径必须是可见光望远镜的 20 万倍。

人类最先发展可见光望远镜的原因不言而喻，是为了有更高的解析力，想要将宇宙看得更清楚，于是望远镜就越做越大。而其他波段的天文观测得在相关理论与技术成熟发展后，才有突破性进展，电波天文学就是一个例子。

从无线电到电波望远镜

电波望远镜的起因和无线电通讯有关，1931 年，美国无线电工程师詹斯基（Karl G. Jansky）为了找寻暴风雨来临的方向，以便让无线电接收天线远离暴风雨所带来的杂讯干扰，设计了一台号称旋转木马的电波天线,这台旋转木马长 30 米,高 4 米,有四个轮子,整台天线每 20 分钟绕中心转一圈。旋转木马专门接收 14.6 米的无线电波,根据詹斯基的研究,杂讯来源除了邻近和远方的暴风雨外,还有一个不明来源,这个来源在天空的位置会有将近二十四小时的变化周期,就像太阳东升西落一样,因此他认为该电波应该是来自外太空,而非地球。他进一步测量发现,变化周期比 24 小时少 4 分钟,也就是说该来源应该是来自太阳系外的远方天体,位置指向我们的银河中心。

詹斯基所量到的电波确是源自我们的银河中心,不过由于旋转木马的解析能力和灵敏度太差,无法像可见光望远镜一样清楚拍摄出天体的模样。詹斯基曾提议建造直径 30 米的电波天线,但由于没有后续的经费支持,他没能继续电波望远镜的研究。1937 年,美国另一位无线电工程师雷伯(Grote Reber)在自家后院建造了第一座直径 9.5 米的抛物面反射式天线(图 66)。刚开始雷伯用他的望远镜接收 9.1 厘米的电波,但一无所获,于是他继续探索波长更长的讯号(33 厘米),直到 1939 年,将波长延伸到 1.87 米才有斩获。他在银河盘面附近接收到明显的电波讯号,并在 1944 年绘制出第一幅电波影像(图 67)。之后发生第二次世界大战,所有研究就此搁浅,但电波天文学的后续发展却和第二次世界大战期间所使用的雷达技术息息相关。

第二次世界大战的英国饱受德国海空的攻击,天上的轰炸机，海底的潜水艇，对这个以海峡与欧洲大陆隔离的英国，是不小的打击。雷达可预先得知轰炸机的夜袭，也可找到躲藏在深海的潜水艇，对英国而言，是赖以维持战局的重要技术。大战结束后，相关技术及人才并不因此中断研究，许多雷达科学家转入电波天文学的领域，将雷达技术转向外太空。刚开始的电波天文学，就是以英国作为重要的发展基地，曼彻斯特和剑桥大学都是电波天文学重镇，剑桥的赖尔更以他在电波天文的贡献获得1974年诺贝尔物理奖。

图66　美国电波工程师雷伯在自家后院建造的第一座直径9.5米的抛物面反射式天线。

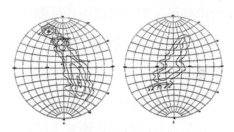

图67　雷伯用他的望远镜接收到1.87米的电波，并在1944年绘制出第一幅电波影像。

小耳朵与外太空

　　现在常见的电波望远镜是由一面碟型的天线所构成的，长得很像一般家用的小耳朵，电波打在碟型天线，然后反射、聚焦，在焦点位置放置接收机，或另一个反射面，就像可见光的卡塞格伦（Cassegrain）反射式望远镜一样，将电波聚焦在碟型天线的后方。不论哪一种，主要零件都包括碟型天线、接收机、放大器和记录器。原则上，碟型天线将电波讯号收集、聚焦，然后传送到接收机，接收机再将电磁波转成电讯，透过放大器将讯号强度放大，最后送到记录器将讯号记录下来，之后分析资料，得到结果。

除了单一天线的电波望远镜外，当前一流的电波望远镜大多是由多面天线所组成，透过多面天线同时观测同一天体，就好像是一面特大口径的电波天线，能得到更高的解析度。望远镜解析度总希望越高越好，就像数码相机要求高画素，现今市场最夯的高档数码相机都有千万以上像素！解析度高的影像可以看到更细微的结构，例如图 68 A，像素很低、解析度很差，整张影像只能看到一个个正方格的像素，勉强看出中央有深灰色物体的模样；当解析度高一点，如图 68B，可以看到前方的深灰色物体有点像是一台碟型天线，后方仍很模糊；当解析度够好的时候（图 68C），可以清楚看出前方是"中研院"天文所位在夏威夷的亚毫米波望远镜，后方还有一台，远方有三座天文台，还有一些残雪铺盖在地上。

专业的电波望远镜都需要非常大的口径，才能得到足够的解析度，但对电波天文学有兴趣者，也可以自己动手做电波望远镜，透过动手做的过程，得到使用电波望远镜的经验，

图 68 解析度高的影像可以看到更细微结构。(A)像素很低、解析度很差,整张影像只能看到一个个正方格的像素,勉强看出中央有深灰色物体;(B)解析度较高的情况下,可以看到前方有点像是一台碟型天线,后方仍很模糊;(C)当解析度够好时,可清楚看出前方夏威夷的亚毫米波望远镜,后方还有一台,远方有三座天文台。

不要忘记,雷伯就是在自家后院建造人类第一座碟型电波望远镜呢。

由于电子商品的普及,一般家庭的视听娱乐,除了传统无线的类比和数码电视台外,还可收看有线电视节目,甚至市场出现机上盒等产品,客户可以透过高速电脑网络,将节目传到家中,并依照个人喜好,选择想收看的节目。另外还有一种选择,就是透过卫星天线(俗称的小耳朵)收看卫星电视,又称为 TVRO (TV receive only)。TVRO 所接收的卫星节目可能来自不同的国家,让消费者有更多节目选择。

现今常见的卫星天线长得很像碟型天线,碟型天线的表面呈抛物面形状,将打在抛物面上的电波，聚焦到抛物面的焦点，通常碟型天线会设计成正焦天线和偏焦天线两种（图69），正焦天线的焦点在镜面的正前

正焦天线　　　　偏焦天线

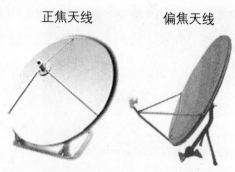

图69　碟型天线会设计成正焦天线和偏焦天线两种。

方，顾名思义，偏焦天线的焦点是偏在一侧。偏焦天线的优点是接收用的集波器，不会挡在进入天线的电波路径上，因此对波长较短的讯号有较好的灵敏度，由于小口径天线收集较少的电波讯号，因此常利用偏焦的特性。

正焦天线所聚焦的位置则是在抛物反射面正前方的焦点上，接收电波讯号的仪器可以放在焦点位置，也可以在焦点上放置次级反射面，就像可见光的卡塞格伦望远镜，正焦天线的焦点位置放置次级反射面，反射之后进入一排的集波器。另一方面，偏焦天线的焦点则是在一边，当电波以特定角度打在天线反射面上，再以相同的入射角

集波器

仰角θ

水平线

仰角θ

图70　偏焦天线的焦点是在一边，当电波以特定角度打在天线反射面上，再以相同的入射角度反射到集波器。

度反射到集波器（图70），通常商用偏焦天线的角度约20度。从商用卫星天线的长相，让我们联想到电波天文学家所用的望远镜，不论是正焦天线、卡塞格伦林式天线和偏焦天线，都有用在世界一流的电波望远镜上，因此我们可以尝试用卫星天线系统充当电波望远镜，做一些简单的太阳或月亮的电波观测，并借由观测的过程了解电波天文学家是如何观测来自外太空的电波。